先进制造理论研究与工程技术系列

粉煤灰性能研究及其在水处理中的应用

王楠楠　韩严和　王　鹏　著

U0231791

哈尔滨工业大学出版社
HARBIN INSTITUTE OF TECHNOLOGY PRESS

内 容 简 介

为实现粉煤灰的高附加值回用,本书系统介绍了粉煤灰在水处理领域作为吸附剂和类 Fenton 催化剂的回用与研究情况。首先介绍了粉煤灰回用过程中需要了解的基本内容,包括粉煤灰的概念、粉煤灰的收集与处置、粉煤灰的回用政策、粉煤灰的物化属性、粉煤灰的活化方法、粉煤灰中元素的存在形态以及粉煤灰对人体、动物、植物的危害等,然后介绍了粉煤灰在水处理领域的两种典型回用形式——吸附剂(3 个案例)与类 Fenton 催化剂(5 个案例)。

本书可为全国各高校环境科学与工程专业和材料相关专业的研究与工程技术人员,以及燃煤电厂和环境类相关政府部门的工作与管理人员提供参考。

图书在版编目(CIP)数据

粉煤灰性能研究及其在水处理中的应用/王楠楠,韩严和,王鹏著. —哈尔滨:哈尔滨工业大学出版社,2023.10

(先进制造理论研究与工程技术系列)
ISBN 978－7－5767－0281－1

Ⅰ.①粉… Ⅱ.①王… ②韩… ③王… Ⅲ.①粉煤灰－应用－废水处理 Ⅳ.①X703

中国版本图书馆 CIP 数据核字(2022)第 121759 号

策划编辑 王桂芝
责任编辑 王 爽 陈雪巍
出版发行 哈尔滨工业大学出版社
社 址 哈尔滨市南岗区复华四道街 10 号 邮编 150006
传 真 0451－86414749
网 址 http://hitpress.hit.edu.cn
印 刷 哈尔滨圣铂印刷有限公司
开 本 787 mm×1 092 mm 1/16 印张 12.25 字数 303 千字
版 次 2023 年 10 月第 1 版 2023 年 10 月第 1 次印刷
书 号 ISBN 978－7－5767－0281－1
定 价 58.00 元

序

十多年来,该书作者王楠楠博士所在研究团队一直从事固体废物粉煤灰在工业水处理领域高附加值回用的研究工作。该团队根据粉煤灰优良的物化属性,将其以原形态或改性形态用于工业废水的高效处理。该团队的研究工作取得了具有实用价值的成果,《粉煤灰性能研究及其在水处理中的应用》一书是对相关研究成果的系统性提炼与总结。

该书的研究成果主要体现在以下三方面:

(1) 归纳、总结了粉煤灰的物化属性及其对人体和环境的影响。书中详细介绍了粉煤灰的物化属性,包括表面形貌、化学成分、晶相组成、微孔分布、比表面积、浸出性能、元素存在化学形态,讨论了粉煤灰在废弃状态下对人体和周边环境的影响,可望对粉煤灰在工业水处理领域安全、高效的高附加值回用产生重要影响。

(2) 以粉煤灰作为吸附剂,用于吸附处理工业废水。利用粉煤灰较大的比表面积,将粉煤灰原灰或改性灰投入工业废水中,吸附去除废水中的有机污染物或金属离子。书中详细介绍了吸附动力学、吸附热力学、吸附剂的稳定性与再生性、吸附剂的浸出性等与吸附相关的关键理论基础和工程应用基础,为粉煤灰作为吸附剂在工业废水处理中的工业化回用奠定了重要基础。

(3) 以粉煤灰作为类 Fenton 催化剂,用于氧化处理工业有机废水。利用粉煤灰表面含有丰富的催化性金属氧化物,将粉煤灰原灰或改性灰与 H_2O_2 组成多相类 Fenton 体系,用于氧化处理各种工业有机废水。书中详细介绍了粉煤灰的硝酸活化和硫酸活化工艺、催化剂的工作机制与稳定性、有机污染物降解动力学与降解途径和羟基自由基在氧化体系中的作用等关键工艺及理论研究结果,为粉煤灰作为类 Fenton 催化剂在工业有机废水处理中的工业化回用提供了相应的工艺与理论指导。

《粉煤灰性能研究及其在水处理中的应用》这部著作系统反映了粉煤灰作为吸附剂和类 Fenton 催化剂在工业废水处理中的研究现状和重要研究进展,为我国粉煤灰的高附加值回用提供了新的途径,符合当前缓解水资源短缺和固废资源化的产业政策规定。相信该书的出版对于引领我国此领域研究和相关的产业化发展具有重要参考价值。

该书是一部粉煤灰高附加值回用的优秀著作,书中有关粉煤灰改性、表征、作为吸附剂和类 Fenton 催化剂回用于工业废水处理方面的研究正是作者团队的专长所在。该书可作为环境科学与工程和材料科学与工程等学科的教学参考书,也可作为环保领域专业技术人员的参考用书。

哈尔滨工业大学

2023 年 10 月

前　言

　　燃煤热电厂在供应足够电能的同时,也产生了大量的工业固体废弃物——粉煤灰,粉煤灰的产生和堆积给国家和社会的发展带来巨大的环境压力和生产压力。近年来,我国不断出台相关政策鼓励全社会对粉煤灰进行各种高附加值回用,一方面减轻粉煤灰带来的环境污染,另一方面缓解资源短缺带来的各种社会问题。

　　十多年来,作者一直从事粉煤灰在废水处理领域的资源化高附加值回用研究工作,主持了国家自然科学基金青年基金项目(51808039)、2018 年度北京市青年骨干个人项目(2018000020124G090)、北京市教育委员会一般科研项目(KM201910017008)等与粉煤灰回用相关的研究工作,同时得到了北京石油化工学院致远科研基金(2023013)及多项大学生创新创业训练计划项目的资助。在这些项目的支持下,作者及所在研究团队在粉煤灰高附加值回用方面进行了大量而深入的研究工作。本书内容源自作者所主持课题组的第一手研究资料,同时包括作者研究与粉煤灰相关文献过程中的总结和心得,是作者在多年研究基础上提炼、整理和总结而成,是作者多年研究成果的精华与集合,其中绝大部分研究成果已在相关国内外著名期刊发表。

　　本书由北京石油化工学院王楠楠副教授、韩严和教授,哈尔滨工业大学王鹏教授共同撰写,其中王楠楠副教授撰写了全书大纲、前言、第 2、3、4 章及第 5 章中的 5.1、5.2、5.3 和 5.5 节,韩严和教授与王楠楠副教授共同撰写了第 1 章,王鹏教授撰写了第 5 章 5.4 节,最后由王楠楠副教授统稿。

　　北京石油化工学院硕士研究生李梁伟和哈尔滨工业大学在读博士生孙喜雨分别为本书的校稿工作和 5.4 节的研究内容做出了重要贡献。在本书出版过程中,得到了北京石油化工学院校领导和二级学院领导的大力支持,作者在此表示衷心感谢。

作者在撰写本书过程中,深感水平有限,书中难免存在不当之处,敬请各位专家和同行批评指正。

作　者

2023 年 9 月

目　　录

第1章 绪论

1.1 粉煤灰简介

粉煤灰是煤粉在高温(1 573 ~ 1 773 K)下燃烧、冷却,并从烟道气中捕获的一种细小的工业固体废弃物,主要来自燃煤热电厂。随着电力行业的迅速发展,燃煤热电厂的粉煤灰排放量逐年增加,逐渐成为我国当前排放量较大的工业固体废弃物之一。粉煤灰的排放量与燃煤中的灰分有关,根据我国多年用煤情况,燃用1 t煤产生250 ~ 300 kg粉煤灰。大量粉煤灰如不妥善处理或处置,会严重污染大气或进入水体淤塞河道,其中某些化学物质甚至还会浸出到水体和土壤中危害人体健康。

粉煤灰的颜色是一项重要质量指标。粉煤灰类似水泥,颜色常在乳白色到灰黑色之间变化,颜色反映粉煤灰的含碳量和粉煤灰颗粒的细度,粉煤灰整体颜色越深说明含碳量越高、粒度越细。粉煤灰有高钙粉煤灰和低钙粉煤灰之分,一般情况下,高钙粉煤灰颜色偏黄,低钙粉煤灰颜色偏灰。

煤粉燃烧时,在表面张力作用下,形成的粉煤灰颗粒一部分呈球状,表面光滑,微孔较小;另一部分因在熔融状态下互相碰撞而粘连,形成表面粗糙、棱角较多的蜂窝状组合粒子,这类粒子孔隙率高达50% ~ 80%。粉煤灰颗粒的粒径范围一般在0.5 ~ 300 μm之间,比表面积较大,具有较高的吸附活性及较强的吸水性。

粉煤灰的化学组成与燃煤成分、煤粒粒度、锅炉型式、燃烧情况及收集方式等相关。在我国,燃煤热电厂中粉煤灰的主要氧化物包括 SiO_2、Al_2O_3、Fe_2O_3、CaO、MnO、TiO_2 等。粉煤灰具备火山灰活性,它本身略有水硬胶凝性能,当以粉状存在时,能在常温,特别是在水热处理(蒸汽养护)条件下,与 $Ca(OH)_2$ 或其他碱土金属氢氧化物发生化学反应,生成具有水硬胶凝性能的化合物,形成一种能够增加强度和耐久性的材料。

目前,我国是以燃煤发电为主的大国,粉煤灰年排放量近亿吨,占世界排放量的30%,且仍在不断增加。我国粉煤灰的储量大,每年投入大量资金用来建储灰场,占用了大量土地,粉煤灰已成为制约火力发电厂发展的主要因素。因此,开发新的粉煤灰应用领域和途径已成为我国科研工作者的重要课题。

1.2 粉煤灰的收集与处置

1.2.1 粉煤灰的收集与排放方式

按照粉煤灰收尘方式和排放方式的不同,常见的粉煤灰处理方式包括干收干排、干收湿排和湿收湿排。干收干排指先采用重力除尘、布袋除尘或静电除尘等方式收集粉煤灰，再利用压力差或机械系统将粉煤灰排出；干收湿排指利用上述干式除尘法收集粉煤灰后，再利用水力冲刷的方式将粉煤灰排出；湿收湿排指先利用湿式除尘器收集粉煤灰，再将粉煤灰以灰浆的形式排放到储灰池。常将干收干排得到的粉煤灰称为干排灰，将干收湿排和湿收湿排得到的粉煤灰称为湿排灰。

干排灰在通过气力输送装置被输送于储灰仓中后，直接贮存下来。这样的粉煤灰由于含有一些黏聚在一起的颗粒或未燃尽的碳粒，会影响目标制品的强度；另外，即使颗粒极细的粉煤灰，在渗入胶凝材料后也会降低胶凝材料的早期强度。为此，在使用前需要对干排灰进行适当的加工处理。

刚入池的湿排灰，固液比较低，为了使粉煤灰能够得到回收利用（简称回用），需进行脱水处理。粉煤灰的脱水工艺包括自然沉降法、自然沉降真空脱水法、浓缩真空过滤脱水法等，下面分别进行介绍。

1. 自然沉降法

自然沉降法是利用粉煤灰悬浮液固相颗粒自然沉降的原理，使之从液相中沉淀分离出来。按照水的运动方式，又有静态沉降和动态沉降之分。静态沉降需要几个沉灰池循环使用。先将灰水注满沉灰池，使其静态自然沉降，沉降终止后放出上部的澄清液，然后再注满灰水沉降，经过几次循环，待灰层达到一定高度后，即可排。该方法的优点是操作简单，缺点是灰场占地大。动态沉降是在一个沉降池中，灰水从一端进入，灰粒在池中边流动边沉降，澄清水从另一端流出。该方法的优点是占地小，且方便回收漂珠，缺点是脱水不彻底，脱水后粉煤灰的含水率一般不低于 50%。

2. 自然沉降真空脱水法

自然沉降真空脱水法是在自然沉降的基础上，通过抽真空加快脱水。在灰池中，真空管道由主管和支管组成，支管上钻有直径 5 mm 的小孔，管外包以 100 目和 24 目的双层铜丝网。真空度一般为 500 mm 汞柱[①]，可使粉煤灰的含水率由初始状态降至 40% 以下。

3. 浓缩真空过滤脱水法

浓缩真空过滤脱水法是一种机械化的连续脱水方法。先将粉煤灰悬浮液通过脱水筛筛除粒径大于 2 mm 的煤渣，然后送入耙式浓缩机。浓缩机底部的灰浆经管道自动流入灰浆池后，经砂泵扬至真空过滤机上方的搅拌筒内。当输送量大于处理量时，多余的灰浆由溢流管自动回到灰浆池或浓缩机。搅拌筒中的灰浆经管道进入真空过滤机的料浆槽后，在转筒内外压力差的作用下将固相和液相分开。滤液经气轴和管道进入气水分离器，而吸附于滤布上的粉煤灰则被刮刀刮下，并由胶带带走。经处理后，粉煤灰的含水率可以降至 35% 左右。

1.2.2　粉煤灰的分选与活性

煤粉灰的分选是将颗粒粒度不一的粉煤灰按照要求分成不同的粒级。常用的分选设

---

① 注：1 mm 汞柱 = 0.133 kPa。

备为旋风分离器。工作时,粉煤灰与气流一道沿进风管进入外锥体中,并向下运动,首先碰到内锥体下部的棱锥体,粗颗粒在惯性离心力的作用下进入粗粉出料管中,气流碰到棱锥体底部后开始上升,以一定角度旋转进入内锥体。较粗的颗粒又有一部分在惯性离心力的作用下与边壁碰撞消能,并沿内壳壁流入粗粉出料管。合格的细粉随气流由排风管进入旋风分离器被收集下来。

通过分选可以得到细度符合要求的粉煤灰。但粉煤灰的活性不单与其细度有关,还与粉煤灰的成分、结构和表面性质有关,因此,在使用前需进行活化。目前,对粉煤灰的活化处理一般分为两种方法:一是化学处理,在电厂磨煤时可人为掺入一定量的石灰或石灰岩,在燃烧过程中与粉煤灰中的氧化硅、氧化铝反应,生成具有水硬性的硅酸钙和铝硅酸钙;二是物理处理,利用球磨机将粉煤灰颗粒磨细,使其在增加细度的同时产生具有活性的断面,有时也可在磨细的同时,有针对性地添加一些化学活性剂,由此得到的粉煤灰活化效果更好。

1.2.3　粉煤灰的储存与运输

粉煤灰入库时应按品种和出厂日期分类堆放,并做好标志。做到先到先用,防止混掺使用。粉煤灰不得与石灰、滑石粉、水泥等粉状物同时存储于同一间仓库内,避免误用或混合。

1. 粉煤灰的储存方式

粉煤灰的储存方式一般分为两种:一种是散装储存,另一种是袋装储存。

(1)散装储存粉煤灰时,防潮和防水设施应完备。粉煤灰受潮后会结块,强度降低,甚至无法使用。对于室内散装存储的粉煤灰,存储仓库应保持干燥,屋顶和外墙不得漏水;对于室外临时散装存储的粉煤灰,应采取防雨措施,并用油毡、油布或油纸等铺垫防潮。粉煤灰存放时间不宜过长,在一般条件下,粉煤灰在存放 3 个月后强度会降低 10% ～20%,时间越长,强度下降越大,使用性越差。

(2)袋装储存粉煤灰时同样要注意防潮、防水。袋装粉煤灰受潮后同样会结块,强度降低,甚至无法使用。储存袋装粉煤灰的仓库,应保持干燥,屋顶和外墙不得漏水;地面垫板离地不小于 300 mm,粉煤灰垛四周离墙不小于 300 mm,堆垛高度一般不应超过 10 袋;不同品种、不同强度等级和不同出厂日期的粉煤灰应分别堆放,不得混杂,并设有明显标志,做到先到先用。临时露天存放的粉煤灰应采取防雨措施,及时加覆盖物防雨;底板垫高,并用油毡、油布或油纸等铺垫防潮。与散装储存灰类似,袋装灰存放期不宜过长,在一般条件下,存放 3 个月后的粉煤灰强度降低 10% ～20%,时间越长,强度降低越大。粉煤灰存放超过 3 个月时,使用前必须以实验的方式确定粉煤灰的强度等级。

2. 粉煤灰的运输保障控制

粉煤灰的运输保障控制主要分为装货、运输、卸货三个方面。

(1)装货。粉煤灰装货过程中,需要注意的事项主要包括以下三个方面。

① 鉴于粉煤灰遇潮湿易结块特性,需密切注意天气变化,防止货物遭受雨淋,并严禁雨中作业。

② 在装货过程中及时清除甲板或车门上散落的粉煤灰。

③ 装货时应尽量装平,防止出现山头。

(2)运输。粉煤灰运输过程中,需要注意的事项主要包括以下六个方面。

① 在起运前,需要对运输的货物进行核对验收。

② 有效地执行细则,如防雨加固细则,到货后执行接收条款等各种细则。

③ 正确选取和维护运输工具。

④ 正确选取运输路线(在运输前对路线进行再次勘查,确保运输条件与实际情况相符)。

⑤ 在运输粉煤灰过程中,明确人员的职责,并对相关人员进行有关细则内容、作用、使用方法的宣传教育。

⑥ 运输粉煤灰,须用专用车辆。

(3)卸货。对于粉煤灰卸货,需要注意的事项主要包括以下三个方面。

① 在卸货后,使用高压空气压缩机产生的高压空气将车厢上的粉煤灰清理干净。

② 根据天气状况,不卸货的车门尽量关闭,尽量减少潮气进入车厢。

③ 多数情况下,在货舱即将卸毕时,工人会用抓斗或其他物品撞击货舱,将舱壁上的粉煤灰震落,应采取措施防止损坏车辆。

3. 应急预案及处理

(1)组织保障。

工程项目部下设专门的应急小组,建立内部和外部沟通机制。项目经理亲自指导、指挥应急小组的日常工作,直接听取应急小组的各种报告;在特定的紧急状况下召集相关人员开会,组织临时机构或亲赴现场处理,直至紧急状况解除。各分组组长负责职责范围内应急预案措施的组织、落实和实施。

(2)基本应急措施。

针对影响施工正常运行潜在的风险因素,项目部通过采取"策划、分析和提高作业水平"措施予以防控。出现由于第三方责任或不可控因素导致的紧急情况时,应按照预先制定的应急预案进行处理和处置,如即时报告、维护现场、请求支援、替换替代和调整计划。

(3)应急预案。

① 天气突变应急预案:在装卸货物期间遇天气突变,如降雨、大风,应及时对货物进行遮盖,保证货物安全。

② 车辆故障应急预案:在运输前,通知供应商的操作及维修人员待命。如在途中运输车辆出现故障,应立即安排维修人员进行维修。如确定无法维修,及时调用备用车辆,采取紧急运输措施,保证在最短时间内运抵施工现场。

③ 道路堵塞应急预案:在货物运输过程中遇到交通堵塞情况时,应服从当地交通主管部门的协调指挥;建议改变运输计划或寻求新的通行路线,保证顺利通过。

④ 道路事故应急预案:在运输车辆发生交通事故时,现场人员应及时保护事故现场,并上报供应商、工程项目部及保险公司,积极协调主管部门进行处理,必要时,协调主管部门可在做好记录的前提下"先放行,后处理"。

⑤ 不可抗力应急预案:在运输过程中有不可抗力的情况发生时,先将运输设备置于相对安全地带并妥善保管,利用一切可以利用的条件将事件及时通知工程项目部,并按照工程项目部的授权开展工作。如果不具备基本的通信条件,则应做好相关记录和货物的保管工作,直到与工程项目部取得联系或者不可抗力事件解除。不可抗力的影响消除后,如果具备继续承运的条件,供应商将在确保设备及运输人员安全的前提下,继续实施运输计划。

1.3　粉煤灰回收利用政策

1.3.1　提高粉煤灰综合利用能力和水平

1. 加强规划政策引导

我国各相关部委针对"提高粉煤灰综合利用水平,加大污染防治力度",进行了一系列卓有成效的政策引导性工作。

① 国家发展和改革委员会等 10 部门对 1994 年原国家经济贸易委员会等 6 部门发布施行的《粉煤灰综合利用管理办法》(国经贸节[1994]14 号)进行了修订,并于 2013 年 1 月发布了新的《粉煤灰综合利用管理办法》。该办法专门针对粉煤灰的产生、储运、综合利用等活动,鼓励从粉煤灰中进行物质提取,以粉煤灰为原料生产建材、化工、复合材料等产品,以及将粉煤灰直接用于建筑工程、筑路、回填和农业等行业,确定了"谁产生、谁治理,谁利用、谁受益"的原则,目标是减少粉煤灰堆存,不断扩大粉煤灰综合利用规模,提高技术水平和产品附加值。

② 2016 年,工业和信息化部发布《工业绿色发展规划(2016～2020 年)》《绿色制造工程实施指南(2016～2020 年)》,重点针对粉煤灰等大宗工业固废,推进综合利用产业高质量发展。

③ 2017 年,国家发展和改革委员会、工业和信息化部发布《新型墙材推广应用行动方案》,推进粉煤灰等固废在墙材中的综合利用,扩大资源综合利用范围,增加资源综合利用总量。

④ 2017 年 10 月 24 日,工业和信息化部节能与综合利用司发布《工业和信息化部关于加快推进环保装备制造业发展的指导意见》(以下简称《意见》)。《意见》指出,要在重点领域加快推进环保装备制造业发展,其中,资源综合利用装备要重点研发基于物联网与大数据的智能型综合利用技术装备,研发推广与污染物末端治理相融合的综合利用装备。在粉煤灰、尾矿、赤泥、煤矸石、工业副产石膏、冶炼渣等大宗工业固体废物(简称固废)领域研发推广高值化、规模化、集约化利用技术装备。

⑤ 2020 年,国家发展和改革委员会等 15 部门联合发布《关于促进砂石行业健康有序发展的指导意见》,鼓励利用粉煤灰等固废资源生产再生骨料,有效替代天然砂石料。

⑥ 2020 年,工业和信息化部发布《京津冀及周边地区工业资源综合利用产业协同转型提升计划(2020～2022 年)》,针对山西省、内蒙古自治区粉煤灰存量大、利用率低等问题,开展区域协同利用,着力提升粉煤灰综合利用水平。

⑦2021年3月，国家发展和改革委员会、科技部、工业和信息化部等10部委联合发布《关于"十四五"大宗固体废弃物综合利用的指导意见》，提出了"十四五"期间粉煤灰、煤矸石、工业副产石膏等大宗工业固废综合利用的总体要求和主要措施，为综合利用产业发展给予了顶层设计和指导。

2. 强化固体废物综合利用法律要求

生态环境部高度重视《固体废物污染环境防治法》修订工作，自2017年以来积极配合全国人大有关机构开展修订工作。2020年4月29日，十三届全国人大常委会第十七次会议修订通过该法。本次法律修订确立了减量化、资源化和无害化的原则，要求县级以上人民政府采取有效措施减少固体废物的产生量、促进固体废物的综合利用、降低固体废物的危害性，最大限度降低固体废物填埋量。国家实行目标责任制和考核评价制度，落实地方政府责任。生态环境部积极推动落实法律要求，会同有关部门开展"无废城市"建设试点工作，筛选确定了在包头市等城市开展试点，积极探索粉煤灰等大宗工业固体废物的综合利用模式。

3. 开展综合利用基地建设

为推动资源综合利用产业高质量发展，切实提升资源综合利用水平，国家发展和改革委员会办公厅、工业和信息化部办公厅联合印发了《关于推进大宗固体废弃物综合利用产业集聚发展的通知》，确定了一批大宗固体废弃物综合利用基地和工业资源综合利用基地的名单。重点围绕粉煤灰等大宗固废综合利用，通过培育骨干企业、建设重点项目、产学研联合攻关等措施，建设鄂尔多斯市、托克托县、乌拉特前旗等2批60家工业资源综合利用基地及乌海市等50个大宗固体废物综合利用基地，发挥基地示范引领作用，推进综合利用产业规模化发展；另外，国家还会加大政策的宣传和贯彻力度，进一步传导压力，督促指导各地积极提高粉煤灰等大宗工业固体废物综合利用能力和水平，严厉打击非法倾倒、处置行为，最大限度降低固体废物填埋量。

1.3.2　加大科技帮扶

1. 持续开展粉煤灰等大宗工业固体废物综合利用科技研发

在粉煤灰等工业固废综合利用方面，国家施行了一系列卓有成效的科技研发活动，为粉煤灰在各个领域的资源化回用提供理论和技术支撑。

①"十二五"期间，在国家高技术研究发展计划中部署开展了"大宗工业固废综合处理与资源化关键技术"，其中包括粉煤灰提取氧化硅生产高填料文化用纸技术研究任务。

②《"十三五"国家社会发展科技创新规划》中，部署发展煤炭资源基地深加工利用、煤矸石等废弃物综合利用技术，形成大型煤炭资源基地清洁、绿色、安全开发利用成套技术装备，提升资源开发利用效率，支持煤炭产业转型升级与资源型城市可持续发展。

③《"十三五"资源领域科技创新专项规划》部署资源开发中伴生资源以及大宗工业固体废弃物利用，开展煤基固废大规模高值化利用、高铝粉煤灰铝硅资源协同利用等研究任务。

④2018年科技部会同相关部门启动了"固废资源化"重点专项，其中有多个项目开展

了相关研究及示范。

⑤科技部还会同有关部门,继续推进"固废资源化"等重点专项的组织实施,进一步加强粉煤灰等大宗煤基固废高效清洁回收利用技术的创新发展。与此同时,相关科研机构、高等院校等形成了一支高水平专业化技术人才队伍。

2. 中央财政大力支持相关科研活动

中央财政高度重视并积极支持固体废物综合利用领域相关科研工作,除配合科技部等通过中央财政科技计划(专项、基金等)对符合条件的相关科研活动进行支持外,财政部还通过基本运行经费、基本科研业务费、中央级科学事业单位修缮购置专项资金、国家重点实验室专项经费等,加大对相关领域中央级科研院所、国家重点实验室稳定支持力度,支持其改善科研基础条件,自主开展研究等,相关单位可根据国家战略部署和行业发展需要等自主开展相关科研工作;会同科技部实施国家科技成果转化引导基金,综合运用设立创业投资子基金等方式,吸引社会资金、金融资本进入创新领域,支持包括粉煤灰综合利用领域在内的科技成果转移转化。

1.3.3　给予政策支持和引导

1. 财政资金奖励

国家发展和改革委员会通过中央预算投资支持大宗固体废物综合利用项目建设,积极指导支持大宗固体废物综合利用基地按照实施方案要求推进各项工作,实施重点项目,培育骨干企业,推广基地建设经验和大宗固体废物综合利用典型模式,提高资源利用效率,推动大宗固体废物综合利用产业高质量发展。与此同时,国家发展和改革委员会还要求相关地区落实固废产生企业主体责任,积极用好现行促进资源综合利用相关政策,引导企业加快综合利用,保护生态环境、促进资源节约的同时产生经济效益。

2. 税收优惠

为推动粉煤灰综合利用,国家出台了多项税收优惠政策。在增值税方面,对纳税人销售以粉煤灰等废渣为原料自产的水泥、水泥熟料等资源综合利用产品,实施增值税即征即退70%,对纳税人销售以粉煤灰、煤矸石为原料自产的氧化铝等资源综合利用产品,实施增值税即征即退50%;在企业所得税方面,对纳税人以粉煤灰等废渣为主要原材料,生产符合条件的商品粉煤灰等产品取得的收入,在计算应纳税所得额时,减按90%计收入总额;在环境保护税方面,纳税人综合利用的固体废物,符合国家和地方环境保护标准的,暂予免征环境保护税。

3. 金融信贷

近年来,中国人民银行高度重视绿色金融发展并不断优化绿色融资结构,所施行的措施主要有如下内容。

①加强信贷政策指引,引导金融机构大力发展绿色金融,不断提升金融服务质效。推动绿色信贷抵押担保方式创新,推广规范股权、项目收益权、特许经营权等质押融资担保,大力发展能效信贷,鼓励开展合同能源管理未来收益权等绿色信贷业务。截至2020年一季度末,绿色贷款余额10.46万亿元,较年初增长5.3%。

②鼓励各类金融机构发行并用好绿色金融债券,支持符合条件的企业发行绿色债务融资工具,为绿色发展提供多元化融资渠道。截至2020年一季度末,银行间绿色债券余额6 068亿元,同比增长17.9%,其中金融部门绿色债余额3 978亿元,非金融企业绿色债券融资工具余额862亿元。绿色债券支持产业范围覆盖基础设施绿色升级、清洁能源产业、生态环境产业、节能环保产业、清洁生产和绿色服务产业等领域。

③不断完善绿色金融领域相关制度。在中国人民银行制定的绿色贷款专项统计制度和正在向社会公开征求意见的《绿色债券项目支持目录(2020年版)》中,固体废物处理处置装备制造、工业固体废物综合利用装备制造被纳入绿色贷款和绿色债券的支持范围。

④中国人民银行还进一步引导金融机构在商业可持续条件下支持相关企业转型升级,提升工艺和装备水平,助力企业实现高质量发展。

1.3.4 加强源头管理

1. 在建设项目环评审批中加强源头管理

生态环境部在《火电建设项目环境影响评价文件审批原则(试行)》《现代煤化工建设项目环境准入条件(试行)》等规范性文件中,分别提出了"灰渣等优先综合利用""按照'减量化、资源化、无害化'的原则对固体废物优先进行处理处置"的要求,推动相关建设项目在技术方案设计时优先采用粉煤灰综合利用技术。

2. 加强粉煤灰登记申报工作

新修订的《固体废物污染环境防治法》明确规定,产生工业固体废物的单位应当建立健全工业固体废物产生、收集、贮存、运输、利用、处置全过程的污染环境防治责任制度,建立工业固体废物管理台账,如实记录产生工业固体废物的种类、数量、流向、贮存、利用、处置等信息,实现工业固体废物可追溯、可查询;另外,生态环境部还按法律要求,加快推进一般工业固体废物的信息化管理,实现对一般工业固体废物的全过程信息化监管。

1.4 粉煤灰综合利用技术的交流与推广

2020年9月,习近平主席在联合国大会郑重宣布了我国的碳达峰、碳中和的总体目标,随后,中央经济工作会议也将"做好碳达峰、碳中和工作"列为2021年的重点任务之一。大宗固废综合利用作为实现双碳目标的重要途径之一,责任重大。2021年是"十四五"的开局之年,粉煤灰、脱硫石膏、煤矸石、煤气化渣等煤基固废的综合利用面临着新的发展形势。

朔州市位于山西省西北部,毗邻内蒙古自治区,是一个因煤而兴的城市。随着煤电产业的快速发展,朔州市已成为山西省乃至华北地区重要的煤电基地和典型的粉煤灰集中产区。朔州市基于粉煤灰、脱硫石膏的综合利用,开展了大量工作。近年来,紧紧围绕工业固废减量化、资源化、再利用,将工业固废综合利用作为支撑经济高质量发展的战略性新兴产业,大力推动工业绿色、循环、低碳发展,取得了积极成效。全球第一条粉煤灰碳金地板生产线和粉煤灰橡塑功能填料生产线等均诞生于朔州。在2016年,朔州市被工业和信息化部列为第一批工业资源综合利用示范基地。

与粉煤灰回用相关的著名国际会议为"亚洲粉煤灰及脱硫石膏处理与利用技术国际交流大会"。该大会每年举办一次,由朔州市人民政府、山西省工业和信息化厅、国家建筑材料工业技术情报研究所和亚洲粉煤灰协会联合主办。截至2022年8月份,该会议已成功举办十届,举办地点均在山西省朔州市。在会议举办期间,有来自美国、澳大利亚、加拿大、日本、印度、南非、马来西亚等国外嘉宾和企业代表共同探讨大宗固体废弃物区域整体协同解决方案,推动粉煤灰及脱硫石膏综合利用技术进步。大会展示各种与粉煤灰相关的产品,通过会议,促进签约和粉煤灰的综合利用,在全国起到示范作用。

第2章 粉煤灰的物化属性

煤粉的种类和燃烧工艺,粉煤灰的收集方式、预处理方式和陈化时间等均会影响粉煤灰的物化属性,这也是不同来源粉煤灰的物化属性有所不同的根本原因。每个电厂排放的粉煤灰的物化属性均有所不同,甚至一个电厂在不同时间和不同炉型下产生的粉煤灰都是不同的。

粉煤灰独特的物化属性是将粉煤灰从一种固体废物转化为宝贵资源的基础,同时也影响着粉煤灰回用的基本途径。研究人员常使用各种表征手段对粉煤灰进行测试,如扫描电子显微镜(Scanning-Electron Microscope,SEM),X射线衍射(X-Ray Diffraction,XRD),X射线荧光(X-Ray Fluorescence,XRF),BET测试(Brunauer-Emmett-Teller Test,BET),傅里叶红外光谱(Fourier Transform Infra-Red,FTIR),X射线光电子能谱(X-Ray Photoelectron Spectroscopy,XPS)。表征结果有助于研究人员深入了解粉煤灰的物化属性并有针对性地开展研究工作。本书作者在将大量表征结果进行汇总对比后,于本章详细介绍了相关内容。

2.1 粉煤灰颗粒的表面形貌

粉煤灰颗粒的表面形貌为粉煤灰的一种关键的物化属性,研究人员常使用SEM观察粉煤灰的表面形貌。粉煤灰颗粒具有各种各样的表面形貌特征,即使在外观上大体相似,但也绝不会存在两个完全一致的粉煤灰颗粒。图2.1~2.3所示为粉煤灰颗粒常见的三种表面形貌特征,分别为圆形颗粒、椭圆形颗粒和不规则颗粒。

图2.1(a)显示的粉煤灰颗粒形貌最为简单,为常见的圆形颗粒形貌;图2.1(b)显示的为圆形"子母珠"粉煤灰颗粒形貌,许多细小的颗粒被封装在较大的中空颗粒中;图2.1(c)显示的为黏合的圆形粉煤灰颗粒形貌,多个粉煤灰颗粒在高温下黏结在一起,形成"串珠"形貌;图2.1(d)显示的粉煤灰颗粒形貌最为特殊,分别为开裂的圆形颗粒、莫来石骨架和许多小颗粒的团聚状态。图2.2为椭圆形粉煤灰颗粒形貌图像。椭圆形颗粒也可能出现与圆形颗粒形貌特征类似的情况,即子母珠、串珠、开裂和团聚等特征,因此椭圆形颗粒的复杂性与球形颗粒基本相同。从图2.1和图2.2中可以看出,无论是圆形,还是椭圆形颗粒,其表面可以是光滑的,也可以是粗糙的,这说明一些细小的粉煤灰颗粒可能被吸附或高温黏结在较大的粉煤灰颗粒表面。

图2.3显示的是不规则粉煤灰颗粒的表面形貌特征,从中可以看出粉煤灰表面形貌多种多样,且常具备多孔属性。粉煤灰的比表面积主要由此类粉煤灰颗粒决定,若能改变燃煤热电厂煤粉燃烧工艺或开发一种粉煤灰表面活化工艺,多生成该类型粉煤灰颗粒,将极大提高粉煤灰颗粒的比表面积和吸附性。

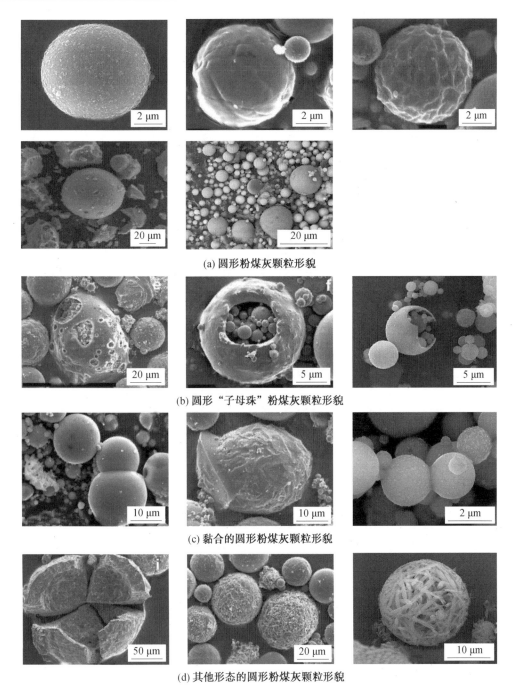

(a) 圆形粉煤灰颗粒形貌

(b) 圆形"子母珠"粉煤灰颗粒形貌

(c) 黏合的圆形粉煤灰颗粒形貌

(d) 其他形态的圆形粉煤灰颗粒形貌

图 2.1　圆形粉煤灰颗粒形貌

图 2.2　椭圆形粉煤灰颗粒形貌

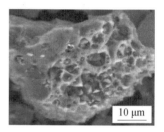

图 2.3　不规则粉煤灰颗粒形貌

2.2　粉煤灰的化学成分

粉煤灰中的化学组成以 SiO_2 和 Al_2O_3 为主,同时含有少量的 Fe_2O_3、MgO、Na_2O、TiO_2、MnO、P_2O_5 和 CaO 等氧化物。粉煤灰根据含有的 CaO 质量分数进行分类,当 CaO 质量分数低于 8% 时为 F 级粉煤灰,超过 8% 时为 C 级粉煤灰。粉煤灰中 CaO 质量分数受燃煤煤质影响,燃烧褐煤和亚烟煤通常产生大量的 C 级粉煤灰,而燃烧烟煤和无烟煤则会产生 F 级粉煤灰。

表 2.1 列举了来自不同国家的粉煤灰中主要氧化物成分及其质量分数,表格最后一行为根据所列数据总结的每种氧化物的质量分数范围。除表 2.1 列出的元素外,粉煤灰还含有其他元素,如 Pb、Cd、Cr 和 Cu,甚至放射性元素,如 ^{238}U、^{232}Th、^{226}Ra 和 ^{40}K。目前已知的所有元素都可以浸出到不同 pH 的水体中。研究发现,一些元素的阳离子在酸性条件下较易浸出,而另外一些元素的含氧阴离子(如 W、V、Mo、Cr、B 和 As)则更容易在碱性条件下浸出。不少研究团队考查了粉煤灰中这些元素的存在形态,具体内容将在 2.8 节中介绍。

1976 年,Fisher 等通过大量数据,总结了粉煤灰中成分的大致比例,具体形式为 $Si_{1.00}$ $Al_{0.45}Ca_{0.051}Na_{0.047}Fe_{0.039}Mg_{0.020}K_{0.017}Ti_{0.011}$。从中可以看出,Si 和 Al 为粉煤灰中的主要元素。虽然该比例是在统计了大量数据基础上得出的,但不能代表某种特定粉煤灰中各元素的比例,仅能作为判断粉煤灰中各元素成分大致比例的参考。

有趣的是,粉煤灰的化学成分及其质量分数与土壤十分类似。世界不同地区土壤的成分差异明显(表 2.2),但一般情况下都含有砂质、淤泥、黏土和有机碳等物质。这些物质的主要化学成分为 SiO_2,但也含有其他元素,如 C、Fe、Mg、Ca、K、Mn、P、H、N、Cu、Zn、B

和 Mo。通过对比表 2.1 和表 2.2,可以发现,土壤中的一些成分存在于粉煤灰中,但粉煤灰中的危害性成分却很少存在于优质土壤中,如 Cr、Cd、Hg、Pb 和放射性元素。近年来,由于粉煤灰含有土壤中的必要成分,研究人员常利用粉煤灰改良土壤,但粉煤灰中的危害性成分也会影响农作物的品质,甚至会渗入地表水和地下水中,这对粉煤灰在土壤改良领域的回用提出了挑战。

表 2.1 不同国家的粉煤灰中主要氧化物成分及其质量分数 %

序号	SiO_2	Al_2O_3	Fe_2O_3	MgO	CaO	Na_2O	K_2O	SO_3	TiO_2	MnO	P_2O_5	LOI[①]	国家
1	49.3	34.0	5.8	0.99	5.06	<0.01	0.87	0.24	2.01	0.05	0.59	0.5	
2	60.1	27.2	1.7	1.03	4.27	0.56	0.71	0.41	1.55	0.01	0.42	1.9	南非
3	46.3	10.7	17.3	0.36	3.00	2.48	2.53	3.42	0.93	0.05	0.11	8.0	
4	50.1	26.1	7.3	2.44	5.28	2.40	1.08	1.30	1.81	0.12	0.71	27.9	
5	53.1	29.5	4.3	1.25	6.66	0.27	1.04	0.29	1.80	0.08	2.35	19.3	法国
6	53.7	26.1	6.3	0.90	5.29	0.04	1.33	0.72	1.32	2.27	0.33	3.2	
7	59.6	22.8	5.6	0.87	3.11	0.45	1.28	0.40	0.94	—	0.04	—	墨西哥
8	55.7	27.0	6.21	1.53	5.48	0.19	0.59	—	1.56	0.05	0.38	6.3	
9	49.2	23.0	5.3	1.17	6.38	0.32	0.91	0.29	—	—	—	11.2	南非
10	54.4	23.0	5.6	3.49	4.66	0.83	0.69	0.72	—	—	—	3.9	
11	56.5	24.1	3.4	0.68	3.64	0.70	4.05	—	0.54	0.03	—	5.8	西班牙
12	51.9	32.8	6.3	1.1	2.70	0.33	2.12	—	1.89	—	—	0.2	捷克
13	44.6	22.5	9.9	8.98	6.76	0.22	0.60	2.52	—	—	—	3.8	土耳其
14	53.1	19.2	10.4	3.90	4.60	0.80	1.80	3.00	—	—	—	3.2	土耳其
15	49.1	30.8	6.1	2.46	1.46	0.63	3.86	4.20	—	—	—	0.8	土耳其
16	48.9	27.6	6.7	2.71	6.16	0.45	2.39	3.55	—	—	—	1.4	
17	41.5	18.9	6.3	3.66	16.41	9.12	0.86	1.05	0.71	0.03	0.41	0.4	加拿大
18	33.0	16.0	2.0	0.50	27.10	<0.10	0.20	2.50	—	—	—		日本
19	41.5	17.8	9.9	4.46	12.52	2.57	2.43	7.25	—	—	—	0.7	土耳其
20	18.1	7.6	5.2	3.50	37.80	0.22	0.60	18.22	—	—	—	8.4	
范围	18.1 ~ 60.1	7.6 ~ 34.0	1.7 ~ 17.3	0.36 ~ 8.98	1.46 ~ 37.80	<0.01 ~ 9.12	0.2 ~ 4.05	0.24 ~ 18.22	0.54 ~ 2.01	0.01 ~ 2.27	0.04 ~ 2.35	0.2 ~ 27.9	—

①烧失量(Loss On Ignition,LOI)

表 2.2　一些典型土壤的成分及质量比　　　　　　　g/kg

序号	土壤	来源	成分				
			砂质	淤泥	黏土	有机碳	元素与矿物质
1	砂质土		808 ± 40	112 ± 30	80 ± 11	4.7	—
2	混合矿质土	泰国	376 ± 195	161 ± 63	464 ± 145	11.0	—
3	高岭土		196 ± 79	194 ± 71	611 ± 132	15.0	—
4	石质薄层土		680	280	40	8.9 ± 0.03	—
5	内毒素始成土	英国	800	170	30	5.5 ± 0.01	—
6	内毒素始成土		770	190	40	3.6 ± 0.03	—
7	—		120 ~ 290	410 ~ 570	200 ~ 350	11.5 ~ 27.4	Fe: 10.6 ~ 17.1
8	—	德国	110 ~ 250	420 ~ 570	230 ~ 330	4.8 ~ 62.4	Fe: 1.8 ~ 22.1
9	—		320 ~ 560	330 ~ 480	60 ~ 270	6.1 ~ 70.2	Fe: 2.6 ~ 22.7
10	—	巴西	930	30	40	—	Ca^{2+}、Mg^{2+}、Al^{3+}分别为 4、1、6 *; Zn^{2+}、Fe^{2+}、Mn^{2+}、Cu^{2+}分别为 0.6、79、3.7、0.3 **
11	—	巴西	340	150	510	—	Ca^{2+}、Mg^{2+}、Al^{3+}分别为 32、12、4 *; Zn^{2+}、Fe^{2+}、Mn^{2+}、Cu^{2+}分别为 2.2、47、16、0.7 **
12	—		460	190	350	—	Ca^{2+}、Mg^{2+}、Al^{3+}分别为 23、4、3 *; Zn^{2+}、Fe^{2+}、Mn^{2+}、Cu^{2+}分别为 2.8、116、22、1.1 **
13	潮土		578	259	163	—	SiO_2、$K(AlSi_3)O_8$、$(Na, Ca)Al(Si, Al)_3O_8$ 分别为 390、80、360
14	红壤	中国	210	321	469	—	SiO_2、$K(AlSi_3)O_8$、$(Na, Ca)Al(Si, Al)_3O_8$、$KAl_2(Si_3Al)O_{10}(OH)_2$、$Fe_2O_3$ 分别为 860、10、10、80、10
15	黑土		347	357	296	—	SiO_2、$K(AlSi_3)O_8$、$(Na, Ca)Al(Si, Al)_3O_8$、$KAl_2(Si_3Al)O_{10}(OH)_2$ 分别为 530、130、270、40

注: * 单位为 mol/m^3; ** 单位为 g/m^3。

2.3　粉煤灰的晶相组成

大量 XRD 表征结果表明,粉煤灰多含有莫来石和石英两种晶体。在 XRD 图谱中,莫来石的典型峰常位于 $2\theta = 16.4°$、$25.9°$、$26.2°$、$30.9°$、$33.1°$、$35.2°$、$39.2°$、$40.8°$、$42.5°$、$53.9°$和$60.6°$,石英的典型峰位于 $2\theta = 20.9°$、$26.7°$、$36.6°$、$39.4°$、$50.2°$和$60.1°$等。粉煤灰中有时也含有其他晶体,如磁铁矿($2\theta = 30.2°$、$35.7°$、$43.1°$、$57.0°$、$62.8°$等)、赤铁矿、硬石膏、方解石、钙长石、刚玉、金红石、方镁石、石灰。

来自不同研究的三种粉煤灰的 XRD 图谱对比如图 2.4 所示,该图对比了 $2\theta = 10° \sim 55°$范围内的出峰情况。从图中可以看出,由于粉煤灰中存在大量莫来石和石英,无论粉煤灰中是否存在其他晶体,表现出的 XRD 图谱均大体相同。

粉煤灰的晶体成分会受到外界条件的影响,如煤的类型和燃烧过程,粉煤灰的收集方法、存储方法(填埋和储灰池等)、陈化时间和活化方法(化学活化、物理活化、高温焙烧和微波辐射等)。上述条件的变化可能导致峰强或峰宽发生变化,甚至生成新的晶体。

2.4　粉煤灰表面微孔分布

一些典型研究中的粉煤灰颗粒粒径尺寸分布范围见表 2.3。从表 2.3 可以看出,大多数粉煤灰颗粒的粒径接近下限。表中也列出了粉煤灰的一些主要化学成分,从中可以看出粉煤灰颗粒粒径分布与化学成分的质量分数具有一定关联:在较细颗粒中可能含有更多的 SiO_2(研究 1 和 5),Si 和 Al 主要分布在粒径 $\geqslant 10\ \mu m$ 的粉煤灰颗粒中(研究 5)。这些分布特征可能与煤的气化和相应元素的存在有关。

粉煤灰的粒径分布会影响 Al_2O_3 的提取。在较小的粉煤灰颗粒中 Al_2O_3 的活性较高,提取率也相对较高,这是由其较大的比表面积引起的。因此,利用物理研磨的方法有助于粉煤灰中 Al_2O_3 的提取。

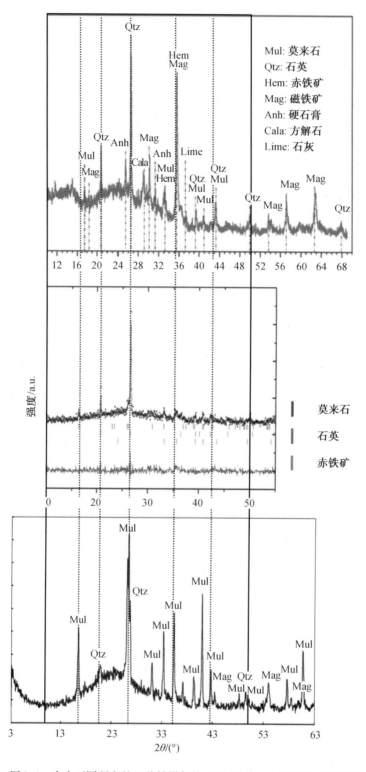

图 2.4　来自不同研究的三种粉煤灰的 XRD 图谱对比图(彩图见附录)

表 2.3 一些典型研究中粉煤灰颗粒粒径尺寸的分布

序号	粒径/μm	粉煤灰来源	化学成分及质量分数/%			其他信息
			SiO$_2$	Al$_2$O$_3$	LOI	
1	0~110,大部分在 0.77~8.05 之间	中国太原第一热电厂	51.6	35.0	2.30	—
2	0~150,大部分在 1~40 之间	中国神华准能集团	30.5	47.3	5.74	—
3	50~230,大部分小于 100	中国太原钢铁有限公司发电厂	48.8	36.5	4.54	粉煤灰颗粒分布不均匀,由圆形颗粒、不规则熔融颗粒和多孔碳粒组成
4	0~25,大部分在 5~15 之间	日本	45.0~73.0	18.0~41.0	—	粒度分布影响颗粒的比表面积和颗粒形状
5	0~200,大部分为 10 或在 40~100 之间	中国深圳妈湾总电厂	52.6	25.9	—	在活化粉煤灰中,粒径小于 3.12 μm 的颗粒占 10%,小于 18.85 μm 的颗粒占 50%,小于 74.96 μm 的颗粒占 90%
6	1~20	美国佛罗里达州 Curtis H. Stanton 能源中心	26.8*	15.9**	—	碱-常规回流法处理的粉煤灰粒径约为 5 μm,碱-熔融法处理的粉煤灰粒径在 0.5~1 μm 之间
7	≥10	中国浙江华能玉环电厂	2.0~45.0	22.0~29.0	—	硅和铝主要以内生矿物的形式分散在煤颗粒中,影响粉煤灰的粒径分布
8	0~500	—	—	—	—	添加(溴化)活性炭后,粒径在 50~75 μm、75~125 μm 和 >125 μm 的粉煤灰颗粒中 Hg 的质量分数显著增加

注:*为 Si 的质量分数;**为 Al 的质量分数。

2.5 粉煤灰的比表面积

在火力发电厂产生粉煤灰的过程中,粉煤灰颗粒内部有气体生成,部分气体可以扩散到粉煤灰表面并逸出,在粉煤灰表面形成孔隙,剩余气体则被封闭在粉煤灰颗粒内部,形成密闭孔道。当人为施加破坏作用力时,粉煤灰表面受到一定破坏,密闭孔道会裸露出来,使粉煤灰颗粒的比表面积有所增加。本节列举了一些不同来源的粉煤灰原灰(Raw Coal Fly Ash,RCFA)和活化后粉煤灰的比表面积,见表 2.4。

表2.4　一些典型研究中粉煤灰的比表面积

序号	来源	应用	RCFA 的比表面积 /$(m^2 \cdot g^{-1})$	粉煤灰活化方法及活化后的比表面积/$(m^2 \cdot g^{-1})$
1	中国湖南华银株洲火力发电公司	污泥脱水	2.81	硫酸活化粉煤灰的比表面积为3.38
2	中国湖南华电长沙发电有限公司	焦化废水色度的吸附去除	0.52	硫酸活化粉煤灰和 Ca(OH)$_2$ 活化粉煤灰的比表面积分别为 3.77 和 15.24
3	美国佛罗里达州 Curtis H. Stanton 能源中心	疏水沸石处理溢油	2.00	使用碱法处理后,粉煤灰的比表面积显著增加,分别为 40 和 404
4	中国山东邹城热电站	废水中 Cr(Ⅵ) 的吸附去除	6.10	使用微波和 NaOH 联合活化后,粉煤灰的比表面积为 20.2
5	中国山西第一热电厂	含氨氮废水的处理	0.16	使用三种碱法处理后,粉煤灰的比表面积分别变为 1.05、7.22 和 275.7
6	南非普马兰加省热电站	泡沫生产	0.90	—
7	捷克赫瓦莱季采热电站	制备无机黏合剂	0.21	—
8	中国上海宝钢	在水泥–粉煤灰的复合体系中参与水合反应	0.25	采用球磨机研磨后,粉煤灰的比表面积范围为 0.40 ~ 0.70
9	法国科尔代迈发电厂		0.79	
10	法国留尼汪岛发电厂(煤粉炉)	替代部分水泥	0.34	—
11	法国留尼汪岛发电厂(抛煤炉)		0.80	
12	中国内蒙古华电准格尔能源有限公司	吸附 Hg	1.36	—

从表2.4中可以看出,RCFA 的比表面积在0.16 ~ 6.10 m^2/g 之间,跨度相对较大,这说明不同地区产生的粉煤灰比表面积差异明显。但实际上,影响粉煤灰比表面积的因素远非地区差异这么简单,燃煤的类型、处理方法和燃烧过程,粉煤灰的收集方法、处置方法,甚至粉煤灰的陈化时间都会影响粉煤灰的比表面积。

相关研究证明,可以采用一些方法显著提高 RCFA 的比表面积。表2.4 中的研究 1 和 2 显示,酸活化可以在一定程度上提高粉煤灰的比表面积;研究 2 ~ 5 显示,碱活化可以打破 Si—O 和 Al—O 键,显著提高粉煤灰的比表面积;采用球磨机研磨也可提高粉煤灰的比表面积,如 8 号研究所示,粉煤灰的比表面积从 0.25 m^2/g 增加到 0.40 ~ 0.70 m^2/g。

总体来看,粉煤灰在经过表面活化后,比表面积最大增加到 404 m²/g(研究 3)。因此,在回用粉煤灰前,可以采用合适的方法增大粉煤灰的比表面积,使其能够在相应领域内得到充分应用(表 2.4 第 3 列)。

2.6　粉煤灰的浸出性能

近年来,与粉煤灰的浸出性能相关的研究常聚焦于以下几个方面:强化浸出、标准浸出、特定条件浸出、去离子水浸出和自然降水浸出。

2.6.1　强化浸出

粉煤灰含有多种元素,包括金属元素和非金属元素,其中不乏有价元素和有毒元素。利用强化浸出的方式浸出这些元素常出于三种目的,即提取有价元素,实现商业价值;去除有害元素,保护环境;研究粉煤灰在强化浸出条件下的浸出性能。

1. 有价元素的提取

表 2.1 列出了粉煤灰中主要氧化物的质量分数,一些质量分数较低的氧化物,如含有 La、Ce、Nd、Ga 和 Li 等元素的氧化物并未列出。这些未列出元素氧化物的质量分数虽然低,但并不能说明它们的价值就低,恰恰相反,有些元素为稀有元素,在高科技领域有广泛应用,甚至可以作为战略资源,因此,研究人员在不断探索提取这些有价元素的方法。如表 2.5 所示,鉴于普通金属元素和稀有元素均有不同的商业价值,它们都成为研究人员的提取目标。Al、Fe、Mg 的提取是因为它们在粉煤灰中质量分数较高,具备一定商业价值;而 La、Ce、Nd、Ga 和 Li 的提取则是因为它们具有很高的价值和稀有性,即使它们在粉煤灰中质量分数很低,也会引起研究人员的重视。

从粉煤灰中提取金属元素最常用的两种方法如下:

(1)将粉煤灰与碱性物质混合,并用高温激活粉煤灰。

(2)利用酸浸出方式提取目标元素(表 2.5 研究 1、2、7),研究人员也可根据实际要求灵活改变具体操作过程。表 2.5 中的研究 4 直接使用 HCl 溶液浸出稀土元素,而研究 5 和 6 则先采用高温焙烧粉煤灰,再采用酸浸出的方式提取 Ga。

在研究 3 和 8 中,对目标元素的浸出过程与以上研究不同。3 号研究先采用水洗和 HCl 浸渍富集 $MgFe_2O_4$,然后采用还原法提取 Fe 和 Mg;8 号研究先将粉煤灰与碱在高温下反应,而后却采用置换反应收集 Li。

表 2.5　粉煤灰中一些典型常见元素和稀有元素的提取方法

序号	目标元素		提取方法	结果
1	常见元素	Al、Fe	① 与 Na₂CO₃ 混合并在 1 073 K 下焙烧 2 h;② 使用稀盐酸 HCl 溶液浸出	Al 的浸出率 > 90%,浸出液中 Al 和 Fe 的质量浓度分别为 34.2 g/L和30.7 g/L,浸出效果与 Na₂CO₃ 相关
2		Al、Fe	① 与钠盐混合并焙烧;② 在微波辐射下利用 H₂SO₄ 溶液浸出	在焙烧前先与碱性物质混合,可以破坏粉煤灰的晶体结构,提高 Al 和 Fe 的浸出性,浸出率分别为 59.2% 和 49.2%
3		Fe、Mg	① 采用先水洗,再用 2 mol/L 的 HCl 溶液浸取富集 MgFe₂O₄;② 利用还原的方式从 MgFe₂O₄ 中浸出 Fe 和 Mg	Na₂S 对 Fe 和 Mg 的浸出性较差,Na₂S₂O₄ 和 FeS₂ 分别在 373 K 和 473 K 时对 Fe 和 Mg 的浸出性最好;还原剂对 Mg 的浸出影响不大
4	稀有元素	稀土元素 (La、Ce、Nd)	① HCl 溶液浸出	浸出温度与时间、酸浓度、固液比对浸出效果影响显著,La 的浸出性较 Ce 和 Nd 更好,三者的浸出率分别为 71.9%、66.0% 和 61.9%
5		Ga	① 在 823 K 下焙烧;② 在 333 K 下,利用 6.0 mol/L 的 HCl 溶液浸出	Ga 的浸出率为 35.2%
6		Ga	① 在 1 323 K 下焙烧 1.5 h;② 在 353 K 下,利用 8.0 mol/L 的 HCl 溶液浸出	浸出条件对浸出效果的影响从高到低为浸出温度、HCl 浓度、浸出时间、固液比;Ga 的浸出率为 46.4%
7		其他元素 Li	① 与 K₂CO₃ 和 Na₂CO₃ 混合,并在 1 073 K 下焙烧;② 在微波辐射下利用 HCl 溶液浸出	HCl 对于 Li 的浸出效果较 H₂SO₄ 更好,Na₂CO₃(30.0%) 和 K₂CO₃ (70.0%) 的混合活化剂比任何一种单一活化剂效果更好;Li 的浸出率可达 93.0%
8		Li	① 与 Na₂CO₃ 和 CaCO₃ 混合,并在 1 323 K 下焙烧 1.5 h;② 在 413 K 下,与 Na₂CO₃ 混合 2 h,利用 Na 对 Li 元素的置换反应提取 Li	当固液比为 1∶100(g∶mL)时,Li 的浸出率为 70.0%

现阶段,已有大量利用强化浸出法提取金属元素的相关案例,但大部分研究思路较为相近。利用上述方法提取粉煤灰中一种或几种金属元素是将粉煤灰进行高附加值回用的有效途径,这基本转变了人们对粉煤灰的传统定位,将其从固体废物转化成了一种宝贵资源。

2. 有害元素的去除

无论是在填埋场处理粉煤灰,还是将粉煤灰倾倒在储灰池中,粉煤灰中的有毒、有害元素均可能浸出到土壤和自然水体中,严重危害环境和生态安全。因此,在利用常规方法处置粉煤灰之前,先行去除粉煤灰中的有毒、有害元素可以显著降低粉煤灰的浸出性对环境的压力。研究人员已开发出多种相关无机酸类和有机酸类浸出剂。

Kashiwakura 等采用 H_2SO_4(无机酸)浸渍粉煤灰,去除其中的 As。研究发现粉煤灰浸出液的 pH 对浸出结果影响显著,当 pH 在 9.0 ~ 10.0 之间时,会有大量 As 从粉煤灰中浸出;而当 pH 减低到 3.0 ~ 4.0 之间时,As 的浸出量显著下降,这主要由于浸出的 As 会再次吸附在粉煤灰颗粒表面,形成 $S—H_2AsO_4$。Ishaq 等采用二乙烯三胺五乙酸(有机酸)浸渍粉煤灰,并去除其中的有害元素。研究发现在低 pH 时更有利于各种金属元素的浸出,此时 Fe、Cu、Mn 的浸出量较高,而 Pb、Ni、Cd 和 Cr 的浸出量相对较少。

通过对比"有价元素的提取"和"有害元素的去除",可以发现,二者均利用了粉煤灰的浸出性能,但目的明显不同:"有价元素的提取"是为了经济利益,而"有害元素的去除"却以环境保护为动机。大量研究证实,无论出于何种目的,在目标元素被大量提取或去除的同时,其他元素也不可避免地伴随着浸出。该现象对于粉煤灰中"有害元素的去除"影响不大,甚至还会伴随着其他有毒元素的去除;但对"有价元素的提取"会产生不良影响,因为这会显著降低目标元素的纯度。因此,在"有价元素的提取"研究中,开发一种对目标元素具有高度选择性的浸出剂至关重要。

3. 粉煤灰浸出性能的研究

深入了解粉煤灰的浸出性可为具有高度选择性浸出剂制备工艺的研究与技术开发提供理论依据,表 2.6 列出了一些与粉煤灰浸出性相关的典型研究。从表 2.6 中可以看出,对于粉煤灰浸出性的研究可分为几种不同的方向,如一种或多种元素的浸出性研究、新灰和陈化灰的浸出性对比研究、一步萃取或多步萃取研究、较易浸出元素的浸出性研究及元素浸出后的赋存状态与转化研究。

表 2.6 中的研究所采用的粉煤灰来自世界不同地区,收集方法、预处理方法及浸出性研究方法均不相同,而方法的不同则会影响粉煤灰的浸出性研究结果。类似于表 2.6 的研究方法总结有利于开发高选择性的浸出剂,但研究的系统性仍需进一步加强。

表 2.6 一些典型研究中粉煤灰的浸出性

元素	浸出性	相关信息		
		粉煤灰样品信息	预处理方法	浸渍液
Se	① Se 在 pH=0~1.0 时以 H_2SeO_3 的化学形态浸出,在 pH=4.0~10.0 时以 SeO_3^{2-} 的化学形态浸出; ② Se 在 pH=1.0~4.0 时以 $HSeO_3$ 的化学形态吸附在粉煤灰表面,在 pH=4.0 时吸附量最大	① 采用两种粉煤灰样品; ② 灰样来源于日本福岛县素马市	—	H_2SO_4 溶液
Cr、Pb、V、Cd	① Cr 在 pH=4.0 时浸出性最好; ② Pb 在 pH=10.0 时浸出性最好; ③ V 的浸出量随时间变化不显著; ④ 粉煤灰中 Cd 质量分数较高,但其浸出量较低	① 采用三种粉煤灰样品; ② 灰样来源于内蒙古某褐煤燃烧锅炉,用电除尘器收集	经过标准的干燥还原法处理后,密封并保存在阴凉干燥的容器中	HCl 溶液(pH=4.0); NaOH 溶液(pH=10.0);
V、Cu、Zn、Cd	① V、Cu、Zn 和 Cd 是粉煤灰中活性最高的元素; ② 残留组分中存留了 80% 的其他组分; ③ 煤的燃烧过程能够影响粉煤灰中元素分布	① 采用两种粉煤灰样品; ② 灰样来源于中国北部的某电厂; ③ 两种粉煤灰由两种不同煤粉燃烧工艺生成,并均由电除尘器捕集	在 378 K 下干燥 8 h,利用 80 目筛筛分,储存于不透光的塑料容器中	分步萃取 ① H_2O; ② 0.11 mol/L 的 CH_3COOH 溶液; ③ 0.1 mol/L 的 $CH_2OH \cdot HCl$ 溶液; ④ 先用 5 mL 的 H_2O_2 溶液,然后用 1 mol/L 的 CH_3COONH_4 溶液; ⑤ 5 mL 王水+3 mL 的 HF 溶液
Ca、Mg	① 新灰中主要成分为氧化物,而陈化灰中会出现水合物和碳酸盐; ② 陈化灰中的 Ca 和 Mg 更加容易浸出; ③ 浸出温度和时间对于陈化灰中 Ca 和 Mg 的浸出影响不显著; ④ 利用 NH_4Cl 与杂质较强的络合能力,采用 NH_4Cl+HCl 作为浸出剂可显著降低杂质的浸出量	① 采用两种粉煤灰样品; ② 新灰收集于澳大利亚维多利亚州的 International Power Hazelwood 发电厂的电除尘器上;1 年陈化灰收集于该电厂储灰池的表层	室温下干燥	HCl+NH_4Cl 溶液; HCl 溶液

2.6.2　标准浸出

采用统一的浸出标准考查粉煤灰的浸出性能,可以为粉煤灰处置的相关立法和研究结果的比对提供依据。在研究粉煤灰的标准浸出中,研究人员常用以下几种方法,如毒性浸出法(Toxicity Characteristic Leaching Procedure,TCLP),合成浸出沉降法(Synthetic Precipitation Leaching Procedure,SPLP),美国材料与试验协会 D3987-12(American Society for Testing and Materials D3987-12,ASTM D3987-12),胃液模拟测试(Gastric Juice Simulation Test,GJST),乙二胺四乙酸(EDTA)萃取法。表 2.7 介绍了以上方法的基本情况,表 2.8 列出了一些利用这些方法考查粉煤灰浸出性能的典型研究。

从表 2.7 可以看出,这些标准方法大致可分为两类:TCLP、SPLP 和 ASTM D3987-12 为第一类,GJST 和 EDTA 萃取法为第二类。第一类主要用于测试粉煤灰的浸出性能,第二类则可用于评估粉煤灰浸出液毒性对植物和作物的影响。EDTA 萃取可为各种金属总浸出量提供辅助性分析,但无法用来测试金属的流动性;另外,利用这些标准方法得出的粉煤灰浸出性与实际情况总会有所偏差,只能作为参考使用。

表 2.7　几种可用于研究粉煤灰浸出性的标准方法

序号	名称	发布单位	目标	描述
1	TCLP SPLP	美国国家环境保护局	测试液相、固相或多相废物中有机物或无机物的流动性和稳定性	均来源于美国环保局发布的评价固体废物的试验方法:物理/化学方法简编(Test Methods for Evaluating Solid Waste: Physical/Chemical Methods Compendium)
2	ASTM D3987-12	美国材料与试验协会	测试样品浸出液中的浸出成分	规定了固体废物浸出性能测试的整个过程
3	GJST	—	评估重金属的生物可利用性(特别是 Pb)	该方法简单、快捷,Mercier 等详细介绍了整个测试过程
4	EDTA 萃取法	—	评估粉煤灰中各种金属的生物可利用性	可从一些典型的文献中获得该方法的具体测定过程

表 2.8　利用表 2.7 所列的标准方法测试粉煤灰浸出性能的一些典型研究

序号	测试方法	结果
1	TCLP	测试了两种粉煤灰 ①在 pH=2.0 时,粉煤灰中 Fe 的浸出性最高(21.6 μg/g 和 32.8 μg/g); ②在 pH=12.0 时,粉煤灰中 As 的浸出性最高(1.5 μg/g 和 2.4 μg/g); ③与批处理实验相比,TCLP 测试中大部分金属的浸出性均较高; ④粉煤灰中 As 和 Se 的浸出对地下水和地表水的水质有一定影响

续表 2.8

序号	测试方法	结果
2	SPLP	利用 FeSO₄ 溶液预处理粉煤灰后,粉煤灰中以氧阴离子形式存在的痕量元素浸出性下降
3	TCLP 和 ASTM D3987−12	①CaO 通过改变浸出液的 pH,对粉煤灰中痕量元素的浸出影响较大; ②与 ASTM D3987−12 相比,Cd、Co、Cu、Pb、Ni 和 Zn 在 TCLP 测试中浸出性较低; ③金属元素的浸出性能随粉煤灰粒径的减小有增高趋势; ④依据两种测试方法,粉煤灰中各种元素浸出液的质量浓度均低于相关标准,仅 Cr(Ⅵ)除外
4	TCLP 和 GJST	①粉煤灰和炉底灰中元素的浸出性和浸出液中元素的质量浓度较为类似; ②炉底灰中大部分元素的浸出性相对较低; ③随着粉煤灰粒径变小,其中大部分元素的浸出性有增高趋势
5	EDTA 萃取法	有助于量化浸出金属元素的总量

2.6.3　特定条件浸出

粉煤灰的浸出性使煤粉燃烧工序和粉煤灰回用过程产生各种问题,这种情况在燃煤热电厂尤其常见(表 2.9 中研究 1~6),在粉煤灰作为基建材料领域和粉煤灰改良土壤领域也时有出现(表 2.9 中研究 7 和 8)。

表 2.9 中研究 1~5 的研究对象为燃煤热电厂的一些必要操作流程,如氨基湿法烟气脱硫、煤与其他燃料共混燃烧、粉煤灰与卤水的共处理、氮氧化物的控制。这些操作流程常产生一系列的问题,如粉煤灰中 Fe 在洗涤液中的浸出会消耗掉氨基湿法烟气脱硫过程中生成的硫酸羟胺,粉煤灰中 Hg 的浸出性会发生变化,粉煤灰中的盐类与有毒元素会浸出到土壤与地下水中,粉煤灰表面吸附的氨会挥发到空气中。表 2.9 中研究 6 为粉煤灰中的 As 挥发所造成的问题,研究 7 和 8 显示的分别是粉煤灰作为建筑原材料和土壤修复剂时产生的问题。

研究人员设计了不同的实验来研究这些工序,所取得的结果列于表 2.9 的第 5 列中。这些研究结果对于特定问题的解决具有指导意义,但针对其他情况时则只能作为参考。从表 2.9 可以看出,在研究某种特定的问题时,须根据实际情况考查一种或多种有毒元素的浸出性。鉴于该类研究一直未引起学者们的普遍关注,有必要在政府和学术机构的配合下建立一个系统的研究框架并进行充分的研究,以充分理解和回用粉煤灰。

表 2.9　在一些特定条件下粉煤灰的浸出性

序号	技术背景	问题	元素	结果
1	氨基湿法烟气脱硫技术可以生成浓亚硫酸氢铵溶液,进而转化成硫酸羟胺	粉煤灰中的 Fe 在进入洗涤液后会消耗硫酸羟胺	Fe	洗涤液中 Fe 的质量分数随温度的升高、pH 的降低和固液比的增加而增加,Fe 的浸出动力学方程可表示为 $1 - (1 - \alpha)^{\frac{1}{3}} = kt$,Fe 的浸出受化学反应和扩散过程同时控制
2	美国环保局于 2015 年颁布了 Clean Air Interstate Rule 和 Clean Air Mercury Rule,用以控制硫氧化物、氮氧化物和 Hg 的排放。氨法脱硫技术在燃煤热电厂得到广泛应用	粉煤灰会同时吸附氨和 Hg,导致 Hg 浸出性发生改变	Hg	Hg 的浸出性受粉煤灰的成分、未燃炭质量分数、陈化时间、pH 和氨浓度等影响。粉煤灰吸附氨后,氨与 Hg 形成 Hg—NH₃ 耦合物,这种物质在碱性条件下的浸出性较高
3	使用混合燃料可以降低能源生产成本;煤与石油焦混合燃烧能够提高火焰稳定性	可能改变粉煤灰的浸出性	V、Mo、S 和 As	向煤粉中加入石油焦并未显著改变粉煤灰的总体浸出性能,只是其中的 V 和 Mo 的浸出性有所提高,S 和 As 浸出性有所降低。因此,石油焦—煤粉的共燃体系并未影响粉煤灰的回用与管理
4	燃煤热电厂的脱盐过程会产生卤水	粉煤灰与卤水的共同处理导致粉煤灰中的盐类和有毒元素进入土壤和自然水体中	As、Zn、Pb、Ni、Mo、Cr 和 Cu	使用五种工序并按照一定顺序萃取粉煤灰中的化学物质。研究发现,有 65.5% ~ 86.3% 的痕量元素留在干残留物中

续表 2.9

序号	技术背景	问题	元素	结果
5	利用注入氨气的氮氧化物控制装置可以减少氮氧化物的排放	粉煤灰表面吸附大量的氨,而这些氨有可能脱附,浸出到自然环境中	氨	粉煤灰原灰浸出 98% 的氨,而当粉煤灰与波特兰水泥共混时,可浸出 58%~68% 的氨
6	砷在煤燃烧过程中会发生气化,并在烟气冷却时通过化学/物理反应和成核/冷凝作用停留在粉煤灰颗粒中	粉煤灰表面 As 的挥发和浸出会严重危害自然环境	As	将高钙煤与正常煤混合可以促使 As 与 CaO 反应,降低粉煤灰中 As 的浸出;另外,提高 Ca/S 质量比可以降低 CaO 的硫酸化
7	粉煤灰可以作为水泥掺合料使用	粉煤灰中的一些金属元素的浸出质量浓度过高	Ba 和 Mo	一些螯合剂和化学活化剂能够改变粉煤灰的浸出性能,如 75% 粉煤灰 + 25% $Ca(OH)_2$ + 4% $CaCl_2$ 能够增加 Ba 的浸出,同时降低 Mo 的浸出
8	粉煤灰可用于土壤的改良	粉煤灰改良后的土壤表现出各种金属的浸出性	As、Cr、Hg、Pb 和 Se	未检测到 As、Cr、Hg、Pb 和 Se 的浸出,而 Cu、Mn、Ni 和 Zn 的浸出量分别为 95 μg、210 μg、44 μg 和 337 μg

2.6.4　去离子水浸出

在去离子水中考查粉煤灰的浸出性可以避免其他浸出方法中各种条件的影响,为进行不同研究中粉煤灰浸出性能结果的对比提供可行性。

Khodadoust 等比较了粉煤灰在柱浸出实验和序批式浸出实验中浸出性的不同,结果表明,浸出时间为 14 天时,粉煤灰在两种浸出方法中浸出量相差不大,柱浸出为 10.5%,序批式浸出为 11.1%;而当浸出时间延长为 42 天时,浸出性能的差距开始显现,柱浸出为 17.8%,序批式浸出为 22.0%。

Wang 等比较了烟煤粉煤灰和亚烟煤粉煤灰中 As 和 Se 的浸出情况,结果表明,烟煤粉煤灰中 As 和 Se 更容易浸出,这两种元素的浸出量随固液比的增加和浸出时间的延长而增多,而亚烟煤粉煤灰中 As 的浸出量则恰恰相反。

Saikia 等考查了某种粉煤灰中所有元素的浸出性,发现该粉煤灰中的 Zn、Cu、Ni、Cr、Co、Fe、As、Hg、Pb 和 Cd 等浸出性较低。

粉煤灰的去离子水浸出方法可作为一种标准,与 TCLP、SPLP、ASTM D3987-12 等形成较为完整的浸出标准体系,通过考查某种粉煤灰在各种浸出方法中的浸出性,可更加客观地综合判断粉煤灰的浸出性,其数据与比较结果可为世界各地环保部门制定更加合理的粉煤灰处置方法提供参考。

2.6.5　自然降水浸出

自然降水被认为是一种特殊的浸出剂,世界范围内的任何一个粉煤灰填埋场都面临着粉煤灰浸出液污染当地土壤和自然水体的情况。研究粉煤灰在自然降水中的浸出性对于粉煤灰填埋场的风险评估至关重要。相关研究大体可分为两类,自然降水的物化属性变化对粉煤灰浸出性的影响和降水量对粉煤灰浸出性的影响。

关于自然降水的物化属性变化对粉煤灰浸出性的影响研究方面,Neupane 和 Donahoe 考查了粉煤灰在模拟酸雨中的浸出性;Zandi 和 Russell 为了获得粉煤灰在当地降水中的浸出性且减少实验结果与实际结果的误差,提出一个包含有环境因素的研究框架(图 2.5),该框架的目标是提供粉煤灰中痕量元素在实际降水条件下浸出性的评估方法。该框架认为 pH 的影响排在第一位,而固液比的影响次之。

本书作者通过充分调研,发现该类研究的数量和深度远远不够。尽管通过 2.6.1、2.6.2、2.6.3 和 2.6.4 节介绍的标准浸出方法可以考查粉煤灰的浸出性能,但由于所采用的浸出剂与自然降水不同,得出的粉煤灰浸出性实验结果无法直接用于判断粉煤灰在自然降水中的浸出行为。

为了了解自然降水强度的影响,研究人员经常考查在旱季和雨季时粉煤灰的浸出性。一般来说,降水量越大越有利于粉煤灰中各种元素的浸出,然而,不同元素由于溶解性和化学存在形态不同,会表现出不同的浸出性。Dwivedi 等研究了粉煤灰在恒河中的浸出性,发现粉煤灰中的一些元素在不同季节的浸出性常遵循一个特定的规律,即夏季>冬季,而不同元素在同一季节的浸出性趋势为 Mn>Fe>Pb>Zn。需要指出的是,在重污染区域,Ni 的浸出量大于 Cu,而在中度污染区域,结果却恰恰相反。Reardon 等发现 Sr、Al、Si、

As(Ⅴ)和Se的浸出性受矿物溶解度的影响非常明显,而Na、K、Cl、B和Cr(Ⅵ)等元素的浸出性则与固液比密切相关,这说明较大的降水量有利于这些元素的浸出。

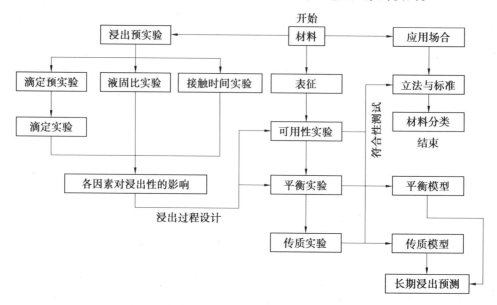

图2.5　粉煤灰在自然条件下浸出实验的研究框架

2.7　粉煤灰的活化方法

粉煤灰活性取决于其中玻璃体的质量分数、玻璃体中可溶性物质的质量分数及玻璃体解聚能力。粉煤灰活性可以采用人工手段激活,具体方法如下。

1. 机械研磨活化

机械研磨是提高粉煤灰活性最常用的一种方法。研磨可以粉碎粗大多孔玻璃体,还可以破坏玻璃体表面坚固的保护膜,使内部可溶性 SiO_2 和 Al_2O_3 浸出,从而增加反应接触面积,提高化学活性。

2. 火法活化

火法活化是将粉煤灰与助溶剂按一定质量比混合,在高温下熔融,使粉煤灰分解。高温熔融能破坏玻璃体结构,改善晶体相结构组成,增加表面活性。

常用的助溶剂为 Na_2CO_3,与粉煤灰按一定质量比混合后,在 1 073 ~ 1 173 K 高温下的熔融反应如式(2.1)~(2.3)所示。

$$Na_2CO_3 \longrightarrow Na_2O + CO_2 \uparrow \tag{2.1}$$

$$Na_2O + SiO_2 \longrightarrow Na_2SiO_3 \tag{2.2}$$

$$3Na_2O + 4SiO_2 + [3Al_2O_3 \cdot 2SiO_2] \longrightarrow 3[Na_2O \cdot Al_2O_3 \cdot 2SiO_2] \tag{2.3}$$

熔融完成后,通过对产物的再处理,可制得混凝剂、沸石等水处理材料。

3. 湿法活化

以浸出剂为标准进行分类,湿法活化又可分为碱法活化和酸法活化。在利用碱法活化时,为使 Si 具有较高的浸出率,需要对粉煤灰进行高温处理。而酸法活化可在常温常压下进行,对 Si、Al 和 Fe 有较高的浸出率。

(1)碱法活化。

在碱法活化作用下,粉煤灰表面发生一定的化学反应。一方面,粉煤灰颗粒表面的 SiO_2 发生化学解离,产生可变电荷,从而破坏粉煤灰颗粒的坚硬外壳,增大比表面积。另一方面,粉煤灰中的玻璃相及莫来石发生熔融反应,使粉煤灰活性获得提高。再一方面,粉煤灰颗粒表面羟基中的 H^+ 会发生解离,使颗粒表面带负电荷,可吸附金属离子和阳离子。用于活化粉煤灰的碱性物质有 NaOH、KOH、Na_2CO_3、$NaHCO_3$、CaOH 等。

(2)酸法活化。

在酸法活化作用下,粉煤灰颗粒表面的金属氧化物和碱性氧化物与 H^+ 发生反应,新增大量孔洞和凹槽,使比表面积增大。另外,经酸法活化的粉煤灰释放大量 Al^{3+}、Fe^{3+} 和 H_2SiO_3 等元素和化合物,其中 Al^{3+} 和 Fe^{3+} 可起絮凝沉降作用,而 H_2SiO_3 则可以捕收悬浮颗粒,起吸附架桥作用。常用的活化酸有 H_2SO_4 和 HCl 等,其中,H_2SO_4 对 Al^{3+} 的浸出效果较好,而 HCl 对 Fe^{3+} 的浸出效果较好。

4. 表面活性剂活化

粉煤灰颗粒表面具有较明显的亲水性,为了提高对有机物的吸附性,可采用表面活性剂对粉煤灰表面进行改性,降低表面张力。胡巧开等利用十六烷基三甲基溴化铵改性粉煤灰表面,利用活化后的粉煤灰吸附剂吸附去除废水中的二甲酚橙,最大去除率达到85%。Banerjee 等利用十六烷基三甲铵改性粉煤灰表面并制备粉煤灰吸附剂,用于去除海水中的原油,获得了理想的处理效果。

5. 混合活化

将以上几种活化方法联合使用,优势互补,可以进一步提高粉煤灰颗粒表面的吸附能力和活性。陈雪初以 NaCl 为活化剂,15% 的 H_2SO_4 为改性剂,采用先高温活化再酸浸的方式活化粉煤灰颗粒表面,经活化后的粉煤灰吸附性得到改善,对于吸附水中的氨氮、磷、氟和重金属等都有显著的作用。

2.8　粉煤灰中典型元素的化学形态

粉煤灰中各种元素的化学存在形态与相应的浸出性之间存在必然联系。了解粉煤灰中元素的化学存在形态,有助于解释粉煤灰的浸出特征、控制粉煤灰中元素的浸出程度与浸出方式、了解粉煤灰中各种元素的去向以及评估粉煤灰对环境的污染,进而促进粉煤灰有效的回用工艺和防浸出方法的开发。本节介绍了粉煤灰中一些常见元素的化学存在形态,包括 B、Se、As、Cr、Hg、Mn、Ni、Co、Zn、Cu、Cd、Ba、Pb 和 Fe。

2.8.1　B

B 在煤的燃烧过程中会挥发到空气中,然后以硼酸盐的形式凝结在粉煤灰表面。B 常以 BO_3 的形式存在,在粉煤灰颗粒表面或 CaO-MgO 颗粒内部与 Ca、Mg 共存,或以三角

BO_3 或四方 BO_4 的形式分布在粉煤灰颗粒的外层,其中三角 BO_3 比后者更容易浸出。

现阶段,已有研究人员发表了粉煤灰中 B 的浸出机理。James 等认为 B 可能在高温下黏附在粉煤灰表面,而 Hassett 等则认为 B 可能存在于钙矾石矿物晶格中,这样的 B 在 pH＝11.5 时浸出性较低;与前两者不同的是,Iwashita 等认为 B 可与 $CaCO_3$ 在碱性环境中形成共沉淀。

2.8.2　Se

由于煤中 Se 质量分数较高,粉煤灰中也含有较多的 Se。粉煤灰中的 Ca 对 Se 的化学形态有显著影响。Se 能与 Ca 反应生成稳定的酪蛋白,沉积在粉煤灰颗粒表面。由于结构的相似性,还观察到硒酸盐阴离子与硫酸盐反应,生成含有 $CaSeO_4$-$CaSO_4$ · $2H_2O$ 的部分固溶体。pH＜2.5 时 Se 常以 H_2SeO_3 形态存在,由于粉煤灰表面对其吸附力较弱,H_2SeO_3 会轻易地进入浸出液中;随着 pH 的升高,Se 开始形成 $HSeO_3$ 和 SeO_3,从而更容易吸附在粉煤灰表面。

2.8.3　As

As 常存在于煤炭的黄铁矿中,并且随着煤炭的燃烧以砷酸盐形态富集于粉煤灰颗粒表面。当 pH＞8 时,砷酸盐与金属氧化物的亲和力下降,与此同时,As 还会与磷酸盐和碳酸盐发生共沉淀。

在粉煤灰颗粒表面,92% ～97% 的 As 常以 As(V) 的化学形态存在,其余的 As 则以 As(III) 的化学形态存在。粉煤灰中含有 As 的物质包括玻璃、水铁矿和砷酸钙。在好氧条件下,粉煤灰表面的 As 常会进入浸出液中,或与水铁矿发生共沉淀,或重新吸附在粉煤灰颗粒表面;在缺氧条件下,水铁矿的溶解会导致 As 的浸出量大于好氧条件下 As 的浸出量,随后又以砷酸铁的形式再次发生沉淀。由于富含氧化铁的粉煤灰的吸附作用,产生时间较长的粉煤灰中 As 的质量分数会有所下降,同时这种粉煤灰中的 As 不稳定,较易浸出并可能参与当地生物地球化学循环。

2.8.4　Cr

针对粉煤灰中 Cr 在不同氧化状态时对环境造成的危害,研究人员进行了大量研究,试图解决粉煤灰中 Cr 的浸出问题。Cr(VI) 以铬酸盐和重铬酸盐的形式轻易地浸出到浸出液中,并表现出强烈的致癌性,与此形成鲜明对比的是,Cr(III) 浸出性较差,对人体健康的威胁也小得多。

Cr 常以 Cr(III) 形式存在于大多数烟煤中,Cr(VI) 形式出现情况较少。在这种条件下,Cr 的行为与其他微量金属离子相似,即只有在极低的 pH 或还原条件下才可能浸出。研究已经证实 Cr 也会以 Cr(III) 形式存在于粉煤灰中。基于产于澳大利亚的酸性粉煤灰的浸出性研究表明,Cr(III) 的浸出量极低(0.03%)。

2.8.5　Hg

Hg 常存在于煤炭中,在燃烧时会挥发进入烟气,并随烟气直接排入大气或吸附在粉煤灰表面。因此,煤炭中的 Hg 主要通过两种途径进入自然环境,分别是直接随烟气进入大气,进而沉降进入水体和土壤,或者从粉煤灰表面二次浸出,再进入水体和土壤。

当 Hg 与不同的载体结合时,其化学形态可能发生变化。在粉煤灰表面 Hg 主要以元素 Hg 的形态存在,在大气沉降物中主要以硫化 Hg 的形态存在,在土壤中,Hg 的存在形态更加复杂,主要包括硫化 Hg、有机螯合 Hg 和元素 Hg。因此,粉煤灰进入空气中或者利用粉煤灰改良土壤时,都可能通过化学反应改变粉煤灰表面负载 Hg 的存在形态。Hg 与总 Hg 的质量比排序为:粉煤灰>大气沉降>土壤,而有机螯合 Hg 和硫化 Hg 的比例正好相反。

当无机 Hg 通过大气沉降或者粉煤灰浸出进入水体后,会发生更加显著的化学变化。天然水体中的胶体颗粒、悬浮物、土壤颗粒和浮游生物等都可以吸附无机 Hg,然后沉淀在沉积物中,经过微生物的甲基化作用,这些无机 Hg 会变成甲基 Hg。由于甲基 Hg 的毒性比无机 Hg 高数百倍,依靠分子量小、碳链短和脂溶性强等特点,很容易穿透血脑屏障,在生物体内蓄积,可能对人体神经系统和其他器官造成不可逆转的损害。

粉煤灰表面 Hg 的浸出质量浓度常处于单位为 ng/L 的水平,但也有例外。Gustin 利用美国 SPLP 法浸出粉煤灰表面的 Hg,浸出液中 Hg 的质量浓度为 14.4 ng/L;Zhao 等研究了四种不同粉煤灰中 Hg 的浸出性,发现浸出液中 Hg 的质量浓度在 11 ~ 302 ng/L 之间;然而,Saikia 等则发现浸出液中 Hg 的质量浓度高达 565 μg/L。无论浸出 Hg 的质量浓度处于什么水平,鉴于甲基 Hg 对人体和动物的危害,对于粉煤灰表面 Hg 的浸出都不应被忽视。

降低 Hg 的浸出有两种途径。一种是粉煤灰在回用前,将 Hg 从粉煤灰中去除;另一种是在排放浸出液前,将 Hg 从浸出液中去除。第一种途径可利用 Hg 的挥发性,通过高温焙烧的手段实现,但这会改变粉煤灰的物化属性;另外,在烟气排放前去除 Hg 也能有效降低 Hg 在粉煤灰表面的吸附,可采用的方法包括吸附法和催化法。第二种途径可利用吸附法实现。

2.8.6　Mn

粉煤灰中的 Mn 在中性和碱性条件下浸出性较差(< 0.1 mg/kg),在酸性条件下较易浸出(pH = 1.0 ~ 3.0 时约为 25 mg/kg)。然而,即使在最佳条件下,粉煤灰中 Mn 的浸出量也不超过 10%,这表明粉煤灰中 Mn 是比较稳定的。Mn 在粉煤灰中的化学形态会影响其浸出性。根据 Zhao 等的研究结果,Mn 在粉煤灰中可能存在不同的氧化状态,如Mn(Ⅱ)、Mn(Ⅲ)和 Mn(Ⅳ),其中 Mn(Ⅱ)相对较易浸出。Warren 和 Dudas 的研究表明,Mn 常存于玻璃相中或与铁磁性颗粒共生,同时玻璃相中的 Mn 更易浸出。

2.8.7　Ni

Ni 的浸出性受 pH 影响显著。当浸出液 pH = 1.0 时,粉煤灰中 10% 的 Ni 可浸出到液相中。随着 pH 的逐渐增加,浸出量急剧下降,在弱酸性条件下,Ni 的浸出量不超过 1%。在碱性条件下会出现较为特殊的情况,当 pH 升高到 8.0 ~ 10.0 时,Ni 的浸出量降至0.01%,但随着 pH 的继续升高,浸出量又升高到 0.04%。

由于 Ni 的浸出性与赋存方式之间的关系,研究人员进行了一系列有价值的研究。Kukier 等研究发现 64.3% 的 Ni 存在于磁性组分中,剩余部分属于非磁性组分中的成分;Kim 和 Kazonich 研究发现 Ni 更易在硅酸盐组分中存在。两组研究人员均发现非磁性组分中的 Ni 相比于磁性组分中的 Ni 更容易浸出。

2.8.8　Co

Hansen 等发现 Co 在粉煤灰磁相中的富集因子取决于离子半径。Co 的这一特性与含 Co 熔体中磁性氧化铁的预期结果相一致。此外,煤的类型和燃烧条件对 Co 的富集方式影响不大。Hansen 等和 Kukier 等均发现,Co 在粉煤灰的非磁性成分中富集程度较低,但非磁性成分中的 Co 在酸性条件下更易浸出,这表明磁性组分对 Co 的浸出性影响不大。

2.8.9　Zn

Catalano 等发现 Zn 在 C 类和 F 类粉煤灰中的化学赋存状态可能不同,并且在水中浸泡时间也会引起其发生变化。对于 C 类粉煤灰,在水中浸泡一段时间后,Zn 的配位会从原始状态的 100% 四面体转化成 65%～75% 四面体和 25%～35% 八面体;另外,在浸泡过程中,Zn 与方解石也会发生共沉淀,并形成锌铝层状双氢氧化物相或含 Zn 的层状硅酸盐;对于 F 类粉煤灰,粉煤灰原灰中的部分 Zn 会以尖晶石的状态存在,类似于锌铁矿 $[ZnFe_2O_4]$ 和锌尖晶石 $[ZnAl_2O_4]$,并且以这种状态存在的 Zn 会随着浸泡时间的延长而逐渐增加。

Rivera 等研究结果在一定程度上与 Catalano 等的报道相一致。他们发现,Zn 常以三种形态存在于粉煤灰中:①70%～77% 的 Zn 吸附在 Fe 的氢氧化物或氧化物表面,②8%～12% 的 Zn 以类似于锌铁矿 $[ZnFe_2O_4]$ 的形式存在;③14%～20% 的 Zn 以 ZnO 的形式存在。因此,Zn 除了以 ZnO 的形式存在外,其余大部分均与 Fe 共存;另外,虽然 Zn 未表现出氧化还原活性,但氧化还原条件会促进 Zn 从粉煤灰中浸出,即 Fe(III) 的溶解可能导致 Zn 的浸出。

2.8.10　Cu

Rivera 等指出,13%～42% 的 Cu 存在于非晶相的铝硅酸盐玻璃中,剩余的则存在于晶相中,如钛铁矿(CuO,17%～29%)、铜矿(Cu_2O,20%～27%)、黄铜矿($CuFeS_2$,0～14%)和 Cu_2S(0～41%)。粉煤灰中 $CuFeS_2$ 和 Cu_2S 的生成可能与含硫化物的未燃矿物相关。晶相中的 Cu 浸出性较差,非晶相中的 Cu 在中性和碱性条件下则会浸出。此外,甲烷细菌也会增加非晶相中 Cu 的浸出。

2.8.11　Cd、Ba、Pb 和 Fe

与前面提到的化学元素相比,针对粉煤灰中的 Cd、Ba 和 Pb 的研究相对较少。Zhao 等评估了来自不同燃煤热电厂的四种粉煤灰中有害微量元素的化学形态。研究结果表明 Cd 和 Ba 主要以可还原形态存在,比例分别在 83.4%～93.5% 和 64.9%～73.2% 之间,

Pb 常存在于非碱性溶液中,分别以可交换态、可还原态、可氧化态和残留态存在的 Pb 的比例分别在 0.3% ~2.8%、22.6% ~57.5%、13.4% ~51.4% 和 17.0% ~33.3% 之间。至于 Fe,其常存在于磁铁矿和赤铁矿等矿物中。

第3章 粉煤灰对周边环境的影响

粉煤灰的浸出性、放射性和毒性严重污染周围土壤、地表水、地下水和空气,同时占用了大片土地,甚至良田。本章主要介绍粉煤灰处于各种情况(粉煤灰露天堆积、粉煤灰浸出液、粉煤灰在空气中的飘尘、粉煤灰改良土壤)时对人体、野生动物和植物的危害,并给出了作者的一些见解,以期能够提高从业人员在回用粉煤灰时或在相关行业工作时的安全意识,并做好必要的防范措施。

3.1 粉煤灰对人体的影响

粉煤灰对人体和环境危害的作用途径主要有三种:①作为建筑材料进入千家万户,粉煤灰的辐射性会对人体健康产生影响;②粉煤灰中一些有毒元素浸入自然水体中,污染水源;③粉煤灰细颗粒飘浮在空气中,通过呼吸道进入人体并损害人体机能。下面将进行详细介绍。

3.1.1 粉煤灰的放射性

大部分粉煤灰常被用作建筑原材料,用于生产水泥和建筑用砖等。由于粉煤灰中可能含有天然放射性核素,如 ^{238}U、^{226}Ra、^{232}Th 和 ^{40}K,粉煤灰与传统建筑材料的混合使用可能提高建筑材料的放射性水平。

在一些研究中,研究人员测试了室外堆积的粉煤灰和建筑材料中粉煤灰的放射性,用以评估粉煤灰处于不同条件下的放射性风险,一些典型的研究列于表3.1中。从表3.1可以看出,不同的研究团队通常得到相似的研究结果,即粉煤灰作为建筑材料的一部分,建筑材料总体的放射性常低于限值,但不可否认的是混有粉煤灰的建筑材料确实存在一定的放射性。因此,通过国家行政机构制定常规建筑材料的质量标准是必要的,用以限制建筑材料的放射性,以确保居民和工人的安全。然而,当粉煤灰被露天堆积在室外时,其放射性则较高,如表3.1中研究4显示粉煤灰放射性超标。因此,应注意监测室外堆积粉煤灰的放射性,并采取措施限制其放射性处于标准以下,以保障灰场工作人员的身体健康。

在粉煤灰回用的相关标准和立法方面,总体来说,在世界范围内现有标准考虑的内容还不够全面,在严格的粉煤灰放射性测试条件的基础上,还需规定更多细节,并进行修正,如 Kovler 发现很难模拟游离 Rn 浸出的理想条件,同时也很难避免粉煤灰颗粒的几何结构、密封条件和陈化时间及湿度对粉煤灰放射性的影响。

以上与粉煤灰放射性有关的研究常与建筑安全有关,粉煤灰的放射性在废水处理和分子筛制备等领域研究较少。将粉煤灰的放射性研究扩展到所有回用领域将有助于消除粉煤灰在这些回用领域中应用的障碍。

表 3.1　不同的研究中粉煤灰被堆积到室外和作为建筑材料时的放射性

序号	研究结果	室外堆积时的放射性	与其他建筑材料混合后的放射性
1	①粉煤灰中^{238}U 和^{232}Th 的平均质量分数常为煤中质量分数的 3~4 倍； ②室内最大年有效剂量(0.073 mSv/y 和 0.15 mSv/y)和室外暴露指数均低于相关标准	< 限值	< 限值
2	①γ 指数的所有平均值均低于年有效剂量(1 mSv/y)； ②所有混凝土(粉煤灰质量分数达到 30% 时除外)的年有效剂量平均值均低于相关标准(1 mSv/y)	—	< 限值
3	①在粉煤灰与水泥的混合物中,随着粉煤灰投加量的增加,^{226}Ra、^{232}Th 和^{40}K 的放射性增加； ②所有的测试指标均低于相关标准,包括 Ra 当量、放射性、放射性浓度指数、α 指数、吸收 γ 剂量率和有效剂量	—	—
4	①以粉煤灰处置场地为中心 80 km 半径内人接受的吸收 γ 剂量率为世界平均水平的 3 倍； ②室内的有效剂量小于限值(0.3 mSv/y)	> 限值	< 限值
5	加气混凝土砌块中^{222}Rn 的析出率并未表现出明显增加,Ra 的质量分数与普通混凝土砌块中的相似	—	< 限值

3.1.2　粉煤灰浸出液

1. 浸出液的基因毒性

从 3.1.1 节了解到,粉煤灰作为建筑原材料使用时并不会因放射性对人体造成伤害,但粉煤灰浸出液则正好相反。人们常对粉煤灰浸出液的危害性存在一个误区,即满足相关排放标准的粉煤灰浸出液是无害的。事实上,粉煤灰浸出液排放标准的制定受当前技术和当地环保政策的影响,而粉煤灰浸出液的危害则是一个客观存在的事实,不受人们的意志、技术与环保政策的影响。只是粉煤灰浸出液若满足了排放标准,便可将放射性危害限制在一个可以接受的水平。

粉煤灰中的自然放射性核素会与普通金属元素一同浸出,导致粉煤灰浸出液具备一定的致突变性和遗传毒性。Chakraborty 和 Mukherjee 的研究发现粉煤灰浸出液可以破坏血细胞、淋巴细胞和烟草属植物的 DNA,但相关致病机理尚不明确。Dwivedi 等研究发现,粉煤灰浸出液中平均尺寸在 14 nm 的粉煤灰纳米颗粒能够造成 DNA 断裂。该研究说明,$O_2 \cdot -$和细胞内其他活性氧(产生于金属氧化还原循环、线粒体电位的变化和 8-oxodG 的生成过程中)是粉煤灰浸出液遗传毒性的来源。

2. 粉煤灰中毒性元素浸出的限制及粉煤灰浸出液的处理

在粉煤灰处置场地附近,粉煤灰浸出液会渗入当地土壤,甚至进入地表水和地下水。现阶段,研究人员和工程师常采用两种方法限制该类型的污染,即限制粉煤灰中有害元素的浸出和处理粉煤灰浸出液并使其达标排放。

从表 3.2 可以看出,向粉煤灰中添加含有 Ca 的碱性材料(研究 1～6)可以有效地限制粉煤灰中有害元素的浸出,如添加石灰、$Ca(OH)_2$、纸的燃烧灰烬、滤饼和 CaO 可抑制 F、As、B、Se、Cr、Cd、Co、Cu、Ni、Pb、Sn 和 Zn 的浸出;另外,在煤粉燃烧前,向燃烧锅炉中添加活性炭(或溴化活性炭)和 $CaBr_2$ 的混合物可有效控制粉煤灰中 Hg 的浸出(研究 7)。需要注意的是,粉煤灰颗粒的团聚(即增大粉煤灰颗粒的尺寸)可能有助于减少粉煤灰中有害元素的浸出(研究 2 和 3)。

从表 3.2 中研究 8 和 9 可以看出,通过添加活化材料可去除粉煤灰浸出液中的有害元素。利用表面活性剂活化后的沸石能够同时吸附粉煤灰浸出液中的阳离子和阴离子,阻止粉煤灰浸出液中的有害元素向环境中扩散,有效地去除粉煤灰浸出液中的 As、Mo、V、Cr、Se 和 Sr 等(研究 8)。向粉煤灰浸出液中添加表面负载锰的沙也可以去除大量的 As。Dubinin-Radushkevich 方程解析表明,该活化沙对 As 的吸附属于物理吸附,当投加量为 10 g/L 时可以去除粉煤灰浸出液中 90% 的 As。

表 3.2　限制粉煤灰中有毒、有害元素浸出的典型方法(研究 1～7)和有效处理粉煤灰浸出液的方法(研究 8 和 9)

序号	危害来源	限制/处理方法	实验结果
1	除 As 以外的其他元素	与石灰混合,提高粉煤灰碱性	pH 较高时,除 As 以外,其他元素浸出性下降。当浸出液为中性或弱酸性时,粉煤灰的碱度或含有 Ca 的质量分数会极大影响粉煤灰的浸出性
2	F	提高 pH 并降低固液比	提高浸出液的 pH、硬度并降低固液比,以及增加粉煤灰颗粒尺寸可以降低 F 的浸出量
3	各种元素	提高粉煤灰碱性	高 pH 和较大的粉煤灰颗粒可以有效地降低各种元素的浸出量
4	As、B 和 Se	向粉煤灰中添加石灰、纸的燃烧灰烬、滤饼和 CaO	在降低 Se 的浸出性方面,$Ca(OH)_2$ 性能最佳,纸的燃烧灰烬次之,滤饼效果最差
5	Cr	调整 CaO 与硅铝氧化物质量比	在粉煤灰中 Cr_2O_3 的氧化过程中,添加 CaO 会显著提高 Cr 的浸出量

续表3.2

序号	危害来源	限制/处理方法	实验结果
6	各种元素	通过调节 Ca 的质量分数控制浸出液的 pH	粉煤灰碱度的增加会降低粉煤灰中 Cd、Co、Cu、Hg、Ni、Pb、Sn 和 Zn 等元素的浸出性，但同时也增加了以氧阴离子形式存在的元素的浸出性，如 B、Cr、Mo、Sb、Se、V 和 W
7	Hg	在煤燃烧前，添加（溴化）活性炭和 $CaBr_2$ 的混合物	可阻止粉煤灰中 Hg 的浸出
8	老旧的、无衬里的粉煤灰浸出液处理设施	利用表面活性剂活化后的沸石吸附去除粉煤灰浸出液中的有害元素	在批处理实验中，吸附剂可以吸附去除 30% 的 As 和 Mo，80% 的 Cr，20% 的 Se 和 Sr；在柱吸附实验中，吸附剂可以吸附去除 50% 的 As、Se 和 Sb，80% 的 Cr，95% 的 Mo 和 70% 的 V
9	As	利用表面负载锰的沙去除粉煤灰浸出液中的 As	当吸附剂投加量为 10 g/L 时，浸出液中 As 的去除率为 90%

3.1.3　空气中的粉煤灰纳米颗粒在人体中的传播

　　燃煤热电厂产生的烟气中含有多种有害的挥发性元素（HVEs），这些元素一旦进入人体会引起一系列疾病。例如，Cr^{6+} 损伤上呼吸道并表现出慢性毒性，Cu^{2+} 影响动脉强度，As^{3+} 造成肝损伤并抑制细胞中的氧化还原反应。在现阶段，人们已经意识到 Pb^{2+} 和 Cd^{2+} 具有毒性，V^{5+} 具有潜在的危害，Co^{2+} 浓度较高时会对人体产生危害。

　　粉煤灰颗粒常随烟气排出，烟气中的 HVEs 被吸附在粉煤灰颗粒表面。由于粉煤灰纳米颗粒比表面积比块状粉煤灰颗粒大得多，粉煤灰纳米颗粒表面有害元素的质量浓度也更高。Usmani 和 Kumar 考查了五种粉煤灰颗粒对人体的危害，研究发现其中一种粉煤灰颗粒对人类健康的危害等级为中等，其他粉煤灰危害等级较低，这也说明粉煤灰纳米颗粒完全可以通过呼吸道进入人体并对人体产生不同程度的危害，甚至降低人体免疫力。

　　研究人员专门研究了粉煤灰纳米颗粒引起的人体疾病。Buonfiglio 等发现粉煤灰纳米颗粒能够吸附阳离子抗菌蛋白，形成颗粒-蛋白复合物，导致呼吸道抗菌能力的下降，使呼吸道中细菌的存活率有所升高；Zeneli 等发现血液中 As、Hg 和 Ca 的浓度水平会显著影响红细胞中抗氧化酶和血浆抗坏血酸的质量浓度，以及超氧化物歧化酶和谷胱甘肽过氧化物酶的活性，增加氧化应激的风险。

　　粉煤灰纳米颗粒在人体内的迁移路径常常是极其复杂的。Silva 等研究发现多壁碳纳米管在进入肺部后会迅速扩散到中枢和周围神经系统、淋巴细胞和血液中。多壁碳纳米管的扩散速率取决于化学反应性、表面特性以及与体内蛋白质相结合的能力。因此,需要对粉煤灰处置场地进行细致化管理,尽量减少粉煤灰纳米颗粒扩散到空气中,降低对人体的危害。

3.2　粉煤灰对野生动物的影响

在燃煤热电厂附近的野生动物会不可避免地受到粉煤灰的危害,有关部门应不断监测野生动物的健康状况,以评估粉煤灰对野生动物的影响。现阶段,一些研究人员常以鳄鱼、麻雀、河龟、浣熊和仓鼠等为对象,研究粉煤灰对当地野生动物的影响,部分典型的研究结果见表3.3。

从表3.3可以看出,在研究粉煤灰对野生动物的影响时,研究方向常分为两个不同的分支,分别为粉煤灰对不同活体动物的影响研究(体内)和粉煤灰对单个细胞的影响研究(体外)。

野生动物在生命中会经历妊娠期、幼年期和成熟期。表3.3中前4项研究结果表明,粉煤灰对一些野生动物并无明显影响,即使这些野生动物长时间生活在被粉煤灰污染的环境中,体内的金属和有毒元素的质量浓度因此有所增加。这些野生动物包括幼年密西西比短吻鳄、食虫/食鱼鸟类的鸟蛋、浣熊和燕子。然而,表3.3中研究5和6的研究结果却截然相反。当将粉煤灰污染的环境直接作用于单个体外V79细胞时,这样的环境会表现出遗传学毒性,诱导V79细胞产生基因突变。León-Mejía等和Matzenbacher等认为这是由粉煤灰中的多环芳烃和有害元素造成的。然而,在研究5和6中,研究人员并未将研究结果与体内V79细胞对粉煤灰污染环境的响应进行比对,因此,此两项研究结果无法证明粉煤灰对整个活体动物的遗传学毒性。

Van Dyke等研究了粉煤灰对河龟的影响,他们发现不同物种的河龟对微量元素在其体内的积累反应不同(表3.3研究7),即使是同一物种的河龟,不同的个体对微量元素在体内的积累反应也不一致,这可能与个体的健康程度有关。

以上研究结果对制定合理的粉煤灰处置的相关标准和立法具有参考价值。鉴于野生动物体内的这些来自于粉煤灰的金属和有毒元素与野生动物身体健康紧密相关,可将这些元素在粉煤灰中的质量分数作为非致命指标写入相关粉煤灰处置标准中,甚至是相关法律法规中(表3.3研究8)。

表 3.3　粉煤灰对野生动物的影响

序号	研究对象	负面影响	结论（A）与评价（B）
1	幼年密西西比短吻鳄 食虫/食鱼鸟类的鸟蛋、浣熊、燕子	—	(A) 免疫系统和血液不受粉煤灰或低剂量微量元素影响
2*		—	(A) 残留粉煤灰对野生动物的影响很低。其中，Se 和 As 两种元素对食虫/食鱼鸟类影响最为明显
3	幼年密西西比短吻鳄	① Cd、Se 和 As 在鳄鱼体内的质量浓度受食物摄入量的影响，主要影响肾脏和肝脏系统的功能，在肾脏中质量浓度相对较高；② 在粉煤灰污染的环境中暴露 25 个月后，Cd 在鳄鱼体内的质量浓度较暴露 12 个月时更高；③ Se 和 As 在肾脏系统中的质量浓度与身体的增长负相关	(A) ① 鳄鱼的增长率和身体状况并未受到显著影响；② Se 和 As 在鳄鱼体内的质量浓度受到暴露时间的影响
4*	浣熊	① As、Ni、Se、Sr 和 V 在浣熊的毛肉中质量浓度较高，Fe 和 Se 在肌肉中质量浓度较高，V 在肝脏中质量浓度较高；② 一些组织发生了与正常病变无明显差异的显微病	(A) ① 血细胞数和血浆生化指标无明显临床变化；② 未观察到明显的金属累积/类金属累积对健康的负面影响
5** 6**	体外 V79 细胞	① 将暴露于粉煤灰中可能引起原发性 DNA 损伤、细胞毒性作用和染色体不稳定等负面影响；② 粉煤灰成分复杂，具有遗传毒性和致突变性作用，这些负面应与氧化应激机制有关	(B) 伤害主要来源于粉煤灰中的多环芳烃和无机成分
7*	河龟	① 当暴露于粉煤灰污染的环境中，河龟体内的 As、Cu、Fe、Hg、Mn、Se 和 Zn 的质量分数高于正常值，但低于对脊椎动物的毒性标准；② 河龟体内某些微量元素的质量累积受暴露近粉煤灰总量的影响不大，且随距离粉煤灰处置点距离的增加而降低	(B) ① 一些关键数据不足，严重限制了对粉煤灰的影响分析。这些数据涉及痕量元素在不同物种间的累积效应，在一定空间中对不同动物的研究数据不够详细
8	普通拟八哥幼鸟	① 羽毛和肝脏中的 As、Cd 和 Se 质量浓度接近人类的关注水平，肝脏中的 Se 质量浓度接近人类的关注水平；② 当雏鸟出生 5 天后，羽毛中的 Se、As 和 Cd 质量分数大约占了 15%，Sr 的质量分数约为 1%；羽毛中的 As、Se 和 Sr 的质量分数与肝脏中三种元素的质量分数相关	(B) 羽毛中的 As、Se 和 Sr 质量浓度被视为非致死性指标，但它们会影响肝脏功能

注：* 基于发生在 2008 年美国田纳西州金斯敦一座燃煤热电厂的粉煤灰储池泄漏事故进行的研究。
** 引自两个不同的研究，研究对象均为"体外 VT9 细胞"，对应的负面影响①来源于研究 5，②来源于研究 6。

3.3　粉煤灰对植物的影响

在土壤改良领域,粉煤灰常作为土壤改良剂使用,但同时也有研究表明粉煤灰对植物具有遗传学毒性。值得庆幸的是,粉煤灰对植物表现出的毒性还没有达到禁止粉煤灰用于土壤改良的程度。因此,了解粉煤灰对各种植物的遗传学毒性可以为粉煤灰在土壤改良中的应用提供投加量参考,本节列举了 3 个相关案例。

案例 1:洋葱。Chakraborty 等考查了粉煤灰对洋葱根细胞的遗传学毒性,发现土壤中粉煤灰投加量较高时会导致洋葱根细胞中的 DNA 产生缺陷,当粉煤灰质量分数为 100% 时,洋葱根细胞会停止有丝分裂,并产生双核细胞。

案例 2:洋葱。Jana 等也考查了粉煤灰对洋葱根细胞的影响。结果与案例 1 的研究类似,即洋葱根细胞的有丝分裂指数降低,生长和细胞活力受到抑制;另外,洋葱根细胞中的丙二醛质量分数、超氧化物歧化酶活性、过氧化物酶活性和谷胱甘肽 S-转移酶活性均受到了影响。

案例 3:鼠伤寒沙门氏菌。Awoyemi 和 Dzantor 发现质量浓度为 20% ~25% 的粉煤灰浸出液会诱发鼠伤寒沙门氏菌的致突变反应;当粉煤灰在土壤中的质量分数为 7.5% 和 15% 时,超氧化物歧化酶活性分别下降了 19.1% 和 28.3%,谷胱甘肽过氧化物酶活性分别下降了 75.9% 和 66.9%。

以上 3 个案例说明粉煤灰会对植物的生长产生不良影响。然而,由于相关研究的总量不足,还无法总结出具备普遍意义的结论,但可以肯定的是,粉煤灰中的 Zn、Pb、Cu、Ni、Cd 和 As 等与粉煤灰的遗传学毒性必然存在某种联系。因此,在将粉煤灰应用于土壤改良前,应首先明确所使用的粉煤灰中各种金属和有毒有害元素的质量分数和所改良土壤拟种植的农作物对粉煤灰的耐受性,以评估粉煤灰造成遗传学毒性的可能性。

第4章 粉煤灰基吸附剂在 有机废水处理中的应用研究

从第2章内容可以看出,粉煤灰具备较大的比表面积,这说明粉煤灰具备较好的吸附性;另外,粉煤灰还具备来源广泛、量大价廉的优势。以上两方面奠定了粉煤灰作为吸附剂在废水处理领域应用的基础。本书选取了课题组的三个典型研究案例,用于介绍粉煤灰基吸附剂在有机废水和无机废水处理领域的应用。

4.1 粉煤灰基吸附剂在有机废水处理中的应用

不少研究人员将粉煤灰基吸附剂应用于有机废水的处理、重金属污染废水的处理及污染气体的处理。本节初步概括并列举了一些典型的研究,分别列于表4.1、4.2和4.3中。从这三个表中可以看出,粉煤灰基吸附剂无论在水处理,还是在空气处理方面均具有较好的处理效果。

表 4.1 粉煤灰基吸附剂的制备及在有机废水处理中的应用

序号	吸附剂名称	制备方法与步骤	吸附目标	吸附效能
1	超细粉煤灰基吸附剂	①球磨24 h后，过300目筛，得超细粉煤灰；②取一定质量超细粉煤灰，按固液比为1:1（g:mL）加入浓H_2SO_4，待反应温度降至室温后，再按质量比为3%加入NaF溶液，最后按照固液比为1:1（g:mL）加入8 mol/L的NaOH溶液	亚甲基蓝	该吸附剂对亚甲基蓝的吸附符合二级动力学速率方程，求得平衡吸附量为0.827 mg/g，在两个不同温度下的吸附速率常数分别为0.798 g/mg·min（298 K）和0.963 g/mg·min（313 K），吸附活化能为9.684 kJ/mol
2	沸石－粉煤灰复合吸附剂	①将天然沸石和粉煤灰按一定质量比混合并粉碎，过50目筛；②分别用0.01% T型渗透剂，0.5 mol/L HCl和0.5 mol/L的NaOH浸渍，再用蒸馏水冲洗至pH=6.5~7.5，加入自制羧甲基化变性淀粉，充分混合，于398±5 K下烘干24 h	有机醇、有机酸、有机酯	—
3	粉煤灰－膨润土复合吸附剂	①取一定质量膨润土，配制成质量分数为2%的悬浮液；②将称量好的粉煤灰加入悬浮液中，连续搅拌5 h后静置3 h，在283 K下将悬浮液蒸干，然后在383 K下烘干；③研磨并过20目筛，得粉煤灰－膨润土复合吸附剂	苯酚	在温度为298 K的酸性环境中，废水初始质量浓度为50 mg/L，此复合吸附剂投加量为6 g/L，吸附时间为1.5 h时，苯酚的去除率可达90%以上
4	粉煤灰基层状金属氧化物	①按质量比为2:1将粉煤灰与Na_2CO_3混合均匀，置于1 223 K的箱式电阻炉中焙烧3 h，取出自然冷却；②将焙烧物与7 mol/L的HCl按固液比为1:4（g:mL）混合均匀，置于358 K恒温水浴中回流搅拌2 h，自然冷却得酸浸液；③按照物质的量比Mg:（Al+Fe）为3:1将$MgCl_2$溶液与酸浸液混合，采用双滴共沉淀法将混合液和碱液（含0.5 mol/L Na_2CO_3和2 mol/L的NaOH）同时滴加到反应器中，温度保持在358 K，pH=8.0~9.0，充分搅拌待反应完全后冷却、静置、水洗至中性，抽滤并烘干后得层状双金属氢氧化物；④将层状双金属氢氧化物置于773 K的箱式电阻炉中焙烧4 h，自然冷却后球磨，并过200目筛，得层状金属氧化物	活性红X-3B	3种吸附剂对活性红X-3B吸附效果的优劣顺序为：层状金属氧化物>层状双金属氢氧化物>粉煤灰。在初始活性红X-3B质量浓度为50 mg/L，层状金属氧化物投加量为2.0 g/L，吸附温度为298 K，pH为7.0，吸附时间为30 min的条件下，活性红X-3B去除率为98.1%；该吸附剂饱和吸附量为129.5 mg/g

续表4.1

序号	吸附剂名称	制备方法与步骤	吸附目标	吸附效能
5	超细粉煤灰基成型吸附剂	①将 RCFA 去除杂物后，球磨 4 h 得到超细粉煤灰；②取一定量超细粉煤灰加入 NaOH 溶液，加入即剂反应；③反应结束后用螺杆挤出成型，烘干后水洗至中性；④473 K 下烘干 2 h，得直径为 5 mm 的超细粉煤灰基成型吸附剂	亚甲基蓝	超细粉煤灰基型吸附剂的吸附性最好，其次为超细粉煤灰，原粉煤灰最差。超细粉煤灰基成型吸附剂对亚甲基蓝的吸附过程符合二级吸附动力学模型，对亚甲基蓝的吸附过程由颗粒内扩散过程控制；超细粉煤灰基成型吸附剂对 MB 的吸附符合 Freundlich 吸附等温模型；吸附过程为自发放热过程
6	粉煤灰基吸附剂	将粉煤灰与 6 mol/L 的 NaOH 按照固液比为 1∶1（g∶mL）进行充分混合，室温下搅拌，经静置、烘干、碾磨，得到目标吸附剂	亚甲基蓝	1 h 后粉煤灰基吸附剂基本达到平衡，吸附过程符合 Freundlich 吸附等温模型，最大平衡吸附量为 35.6 mg/g。吸附饱和亚甲基蓝粉煤灰基吸附剂最佳的再生条件为：微波功率 700 W，再生时间 2 min，粉煤灰基吸附剂再生效率为 98.6%
7	活化粉煤灰膨润土混合吸附剂	①将膨润土粉碎，膨润土粉过 200 目筛；②将膨润土加入质量分数为 20% 的 H₂SO₄ 中搅拌 30 min，再加入一定量粉煤灰，继续搅拌 30 min，得到混合物；③将混合物过滤，使用超纯水洗涤至中性，干燥获得目标吸附剂	2-甲基异莰醇；二甲基萘烷醇	粉末活性炭的去除效率最高，合成吸附剂次之，高锰酸钾复合药剂去除效率最差。该吸附剂去除水体中土霉异味的效果与单纯使用活性炭相比，其吸附综合效益有一定优势，可以替代或者部分替代活性炭或者商品吸附剂
8	活化粉煤灰吸附剂	①去除粉煤灰块状大颗粒，过 80 目筛，蒸馏水洗涤烘干，再过 200 目筛；②将过 200 目筛后的粉煤灰浸渍于各种活化剂溶液中，搅拌 1 h，然后过滤，并于 378 K 下烘干，得目标吸附剂	石油烃	粉煤灰的最佳活化条件为：室温，活化剂为 1.0 mol／L 硫酸溶液，搅拌速度 315 r/min，搅拌时间 30 min，灰酸的质量比 1∶5。在该吸附剂作用下，石油烃的去除率为 99.8%

H_2SO_4

续表4.1

序号	吸附剂名称	制备方法与步骤	吸附目标	吸附效能
9	高铝粉煤灰基NaP1型沸石/水合金属氧化物	①高铝粉煤灰基沸石的制备:粉煤灰与2 mol/L的NaOH溶液按固液比为1:6(g:mL)均匀混合,转移至相反应金置器中,在368 K下恒温24 h,冷却,过滤,洗涤干燥得到沸石;②沸石/水合金属氧化物的制备:粉煤灰经过水热处理后,不经过固液分离,直接在含沸石的碱液中,缓慢滴加与初始NaOH溶液体积相同的0.5 mol/L的$FeCl_3$或氧氯化锆溶液,室温下搅拌4 h,过滤,洗涤,干燥,得到目标吸附剂	亚甲基蓝	粉煤灰基沸石为NaP1型,比表面积为50.88 m^2/g,平均孔径为8.01 nm。沸石及负载型沸石吸附亚甲基蓝过程均符合准二级动力学模型,以化学吸附为速率控制步骤,吸附等温线符合Langmuir模型,理论饱和吸附量为185 mg/g,并且在无须调节溶液pH条件下,再生后的样品对亚甲基蓝的去除率仍达到90%以上
10	海泡石/粉煤灰复合吸附剂	①海泡石原矿粉在球磨机中研磨0.5 h,清水中洗涤过筛,去掉大于80目的杂质,晾干备用;②将海泡石与粉煤灰按质量比为3:1混合,干573 K热活化1.5 h,制得目标吸附剂	印染废水	在吸附剂投加量为废水量0.3%,吸附时间40 min的实验条件下,脱色率达90.0%,化学耗氧量COD去除率达85.7%,固体悬浮物SS去除率达90.3%
11	菌体/粉煤灰复合吸附剂	方法1:将干菌体与粉煤灰按质量比为1:30混合至烧杯中,按固液比为1:2(g:mL)加入质量分数3%的HCl溶液,在室温下搅拌25 min,利用320 W微波辐射一定时间至完全干燥,粉碎机粉碎即得到目标吸附剂	活性红	废水最佳处理条件为:pH=4.0~10.0,吸附剂投加量3 g/L,搅拌时间15 min,静置时间1 h,此时脱色率均在89%以上。准二级吸附动力学方程能更好地描述活性红染料在复合吸附上的吸附,化学吸附过程由吸附剂对复合吸附过程的吸附速率控制,饱和吸附量为49.15 mg/g
12	菌体/粉煤灰复合吸附剂	方法2:将干菌体与粉煤灰按质量比为1:30混合至烧杯中,室温下在六联搅拌器上搅拌25 min,然后静置,固液比为1:1.5(g:mL)加入质量分数7%的HCl溶液,利用320 W微波辐射一定时间得到目标吸附剂	酸性蓝	废水处理最佳条件为:pH=6.6,催化剂投加量3 g/L,搅拌时间25 min,静置时间1 h,污染物去除率在85%以上。由Langmuir模型吸附计算得到的最大吸附量为303.0 mg/g
13	菌体/粉煤灰复合吸附剂	方法3:将干菌体与粉煤灰按质量比为1:30混合至烧杯中,按固液比为1:2(g:mL)加入质量分数3%的HCl溶液,在室温下搅拌15 min,然后静置20 min,利用320 W微波辐射15 min,粉碎即可得到目标吸附剂	阳离子黑	废水处理最佳条件为:pH=6.1,吸附剂投加量2 g/L,搅拌时间5 min,静置时间1 h,此时废水脱色率为90%以上。吸附剂对阳离子黑的吸附较好地符合Freundlich吸附等温模型,吸附属于单分子层吸附,且吸附过程易进行

表 4.2　粉煤灰基吸附剂的制备及吸附去除水中重金属离子的应用

序号	吸附剂名称	制备方法与步骤	吸附目标	吸附效能
1	粉煤灰类沸石吸附剂	①焙烧温度为 1 123 K,焙烧时间为 2 h; ②粉煤灰与助溶剂的质量比为 10:5,NaOH 溶液浓度为 3 mol/L,固液比为 1:10(g:mL); ③老化时间为 2 h,温度为 328 K; ④晶化时间为 5 h,温度为 373 K; ⑤活化温度为 773 K,时间为 1 h,得目标吸附剂	Pb	废水中 Pb 去除率为 84.9%,吸附剂吸附容量为 33.9 mg/g。利用 0.1 mol/L 的 HCl 溶液和饱和 NaCl 溶液再生吸附剂,解吸率在 98% 以上,利用此再生的类沸石吸附剂处理含 Pb 废水,去除率在 83% 以上
2	粉煤灰-膨润土复合吸附剂	①将膨润土配制成质量分数为 2% 的悬浮液; ②将一定量粉煤灰加入悬浮液中,连续搅拌 5 h 后静置 33 h; ③在 373 K 下将溶液蒸干,然后在 383 K 下烘干; ④研磨过 200 目筛,得目标吸附剂	Cr(VI) 废水	在温度为 298 K,pH 为 4.0,Cr(VI) 初始质量浓度为 22 mg/L,复合吸附剂投加量为 8 g/L,吸附时间为 1 h 时,Cr(VI) 的去除率在 91% 以上
3	粉煤灰/水合氧化铁复合吸附剂	①称取两份 50.0 g 粉煤灰; ②一份加到 1 mol/L 的 NaOH 溶液 100 mL,在常温下搅拌 2 h,然后在 353 K 水浴中加热 48 h; ③另一份于室温下加到 0.5 mg/L 的 $Fe(NO_3)_3$ 溶液中,调节 pH 为 7.0,在室温下静置 12 h,在 353 K 下烘干,得目标吸附剂	P(V)	未负载粉煤灰对磷酸氢根的吸附比较符合 Langmuir 模型,而粉煤灰/水合氧化铁复合吸附剂更符合 Freundlich 吸附等温模型
4	粉煤灰-炭化棉秸秆吸附剂	①制备 2~3 cm 的秸秆段,置于管式马弗炉中,在氮气氛围下低温炭化 60 min。冷却至室温,过 120 目筛,密封备用; ②将粉煤灰置于(368±5)K 下干燥 60 min,过 120 目筛,密封备用; ③将干燥的粉煤灰和炭化棉秸秆按一定质量比混合,得到粉煤灰-炭化棉秸秆吸附剂; ④用 0.6 mol/L 的 HNO_3 浸洗吸附剂,去除其中的可溶性金属氧化物,再用蒸馏水洗涤至中性,在烘箱中干燥,备用	Cr(VI)	该吸附剂对任何质量浓度的 Cr(VI) 离子均有吸附作用,最佳工艺条件:粉煤灰与炭化棉秸秆质量比为 1:3,吸附温度为 313 K,吸附时间为 25 min,pH=4.0。在此条件下,对 Cr(VI) 的去除率较高

续表4.2

序号	吸附剂名称	制备方法与步骤	吸附目标	吸附效能
5	粉煤灰负载壳聚糖吸附剂	①利用乙酸溶液配制质量分数为2%的壳聚糖溶液;②称取一定质量的粉煤灰加到此溶液中,搅拌3 h,调成糊状;③抽滤糊状溶液后置于373 K烘箱中加热干燥,研细,得目标吸附剂	Cr(VI)	该吸附剂对Cr(VI)具有较好的吸附性,最佳吸附条件为:温度=298 K,pH=5.0,Cr(VI)初始质量浓度=20 mg/L,吸附剂投加量=10 g/L,吸附时间=1 h。在此条件下,Cr(VI)去除率可达90%以上
6	粉煤灰基吸附剂	①将粉煤灰与Na_2CO_3分别按质量比1:0,1:1和1:2混合研磨均匀,并分别在623 K,723 K,823 K下焙烧2 h,将焙烧产物用蒸馏水洗至近中性并烘干;②将烘干产物与1 mol/L的NaOH溶液按固液比1:5(g:mL)混合,298 K下搅拌3 h,373 K下水浴晶化24 h,冷却后洗至中性并烘干,研磨后过250目筛,得目标吸附剂	Cd^{2+}	制备该吸附剂的最佳工艺条件为:粉煤灰与Na_2CO_3质量比为1:2,焙烧温度为723 K。利用该吸附剂,当废水中Cd^{2+}质量浓度=300 mg/L,pH=7.7,吸附时间=120 min时,Cd^{2+}去除率为98.0%,吸附活化能E_a=77.22 kJ/mol,吸附过程为化学吸附
7	粉煤灰颗粒吸附剂	①将粉煤灰和黏土按质量比4:1混合,加一定量水混合均匀成球,粒径控制在3~10 mm;②将小球陈化24 h,再在1 073 K下焙烧2 h	含磷废水	吸附剂的吸附特性受吸附时间、吸附剂投加量、搅拌速度、pH、温度等因素影响,且粉煤灰颗粒吸附剂符合Langmuir吸附等温模型
8	活化粉煤灰	将粉煤灰加入NaOH溶液中,在常温常压下进行搅拌,充分反应后用蒸馏水过滤洗净中性并烘干,得目标吸附剂	Cr(VI)	当吸附剂投加量为0.1 g时,未活化的粉煤灰对Cr(VI)去除率为53.1%,活化后的去除率为81.1%;粉煤灰最佳吸附条件:投加量3 g,吸附时间30 min,温度313 K
9	活化粉煤灰	①取一定量粉煤灰,用去离子水洗净烘干后研磨,密封备用;②将粉煤灰分别与质量分数为10%的H_2SO_4、NaOH、NaCl溶液按固液比为1:8(g:mL)混合,充分搅拌反应3 h后静置5 h,然后烘干,得目标吸附剂	Zn^{2+}	经过H_2SO_4活化的粉煤灰吸附性最好,对Zn^{2+}去除率为86.7%

续表4.2

序号	吸附剂名称	制备方法与步骤	吸附目标	吸附效能
10	金属盐活化粉煤灰	①将粉煤灰过200目筛后，并将20 g粉煤灰加到200 mL的浓度分别为0.5 mol/L、1.0 mol/L、1.5 mol/L、2.0 mol/L、3.0 mol/L的$FeCl_2$溶液中，搅拌均匀；②将混合物置于353 K的水浴恒温振荡器中，搅拌速度为90 r/min，反应30 min；③将活化粉煤灰用循环水式多用真空泵抽滤多次，用$AgNO_3$溶液检验滤液，直至不再有或极少出现白色沉淀；④将抽滤后的粉煤灰于393 K下烘干，碾碎后过200目筛，得目标吸附剂	F	粉煤灰经金属盐活化后吸附能力明显优于未活化的粉煤灰，且该吸附反应为自发进行的熵减放热过程；活化粉煤灰投加量为20 g/L，在353 K时处理0.5 h时氟的去除率达84.4%
11	铈-粉煤灰复合吸附剂	①将粉煤灰在干燥箱中于378 K干燥24 h后过57.5 μm筛；②取筛上粉煤灰，与无水Na_2CO_3和$Ce(SO_4)_2 \cdot 4H_2O$按一定质量比混合研磨均匀后高温焙烧一定时间，冷却后用二次蒸馏水洗至近中性，烘干，得目标吸附剂	Cd(II)	当吸附剂投加量=10 g/L，吸附时间=2.5 h，吸附温度=298 K时，Cd^{2+}的去除率为99.7%，比RCFA增大37倍
12	微波-碱协同活化粉煤灰负载壳聚糖吸附剂	①将粉煤灰过250目筛，置于600 W的微波炉中加热8 min后冷却至室温，得微波处理粉煤灰；②将微波处理粉煤灰与2 mol/L的NaOH溶液按固液比1:4(g:mL)混合搅拌1 h后离心分离，水洗至中性后烘干，得化学活化粉煤灰；③利用5%乙酸溶液配成300 mL质量分数为2%的壳聚糖溶液，将30.612 g化学活化粉煤灰加到上述壳聚糖溶液中，搅拌3 h后抽滤，将滤出物置于373 K烘箱中烘干，研磨成粉末，得目标吸附剂	Cr(VI)	处理20 mg/L的含Cr(VI)废水最佳实验条件为：反应时间=56.6 min，吸附剂投加量=22.45 g/L，pH=4.5。在此条件下，Cr(VI)去除率可达96.1%

续表4.2

序号	吸附剂名称	制备方法与步骤	吸附目标	吸附效能
13	粉煤灰合成沸石	①将 2 g 粉煤灰加到 50 mL、8 mol/L 的 KOH 溶液中，在368 K 下反应 48 h，再用去离子水水洗至中性后，于 378 K 下烘干，得粉煤灰合成沸石；②将 60 g 合成沸石置于 250 mL 锥形瓶中，加入 180 mL、0.066 mol/L的 HDTMA 溶液，于 298 K 下，转速为 150 r/min 的恒温振荡器中振荡 8 h，过滤、水洗后风干，得目标沸石	PO_4^{3-}、F^-、$Cr(VI)$	随着该吸附剂投加量增加，对 3 种离子去除率均不断提高。当吸附剂投加量相同时，对 PO_4^{3-}，F^- 和 Cr^{6+} 的竞争吸附顺序为：$Cr^{6+}>PO_4^{3-}>F^-$，这 3 种离子的竞争吸附顺序不会随着粉煤灰合成沸石投加量的增加而而有所变化
14	累托石-粉煤灰颗粒吸附剂	①将 100 g 累托石充分分散于水中后置 10 min，静置、充分搅拌使累托石充分分散于水中后静置 10 min，待分层后用吸管吸取上层悬浮液（约 1/3），底部残渣继续上述操作，如此循环 3 次；②收集的上层悬浮液用真空过滤机分离，把抽滤后高纯度的累托石放入烘箱中烘干；③用粉碎机将累托石粉碎后过 240 目筛，取筛下物作为目标吸附剂	$Cu(II)$	在不调节铜冶炼工业废水 pH 的条件下，该吸附剂投加量为 10 g/L，吸附时间为 60 min，温度为 298 K 时，$Cu(II)$ 的去除率为99.5%，处理水水质符合国家污水综合排放标准《污水综合排放标准》（GB 8978—1996）一级标准

表 4.3　粉煤灰基吸附剂的制备及在污染气体处理中的应用

序号	吸附剂名称	制备方法与步骤	吸附目标	吸附效能
1	沸石分子筛类吸附剂	按一定物质的量比将 Na_2O、Al_2O_3、SiO_2 和 H_2O 混合，得到凝胶状母液，晶化一定时间后过滤，洗涤至滤液 pH < 8.0，干燥，得到沸石分子筛类吸附剂	CO_2	该吸附剂对 CO_2 主要是物理吸附，吸附容量在 169.0 ~ 223.0 mg/g 之间
2	活化粉煤灰基脱 Hg 吸附剂	①向粉煤灰中添加黏土（SiO_2 质量分数为 43% ~ 55%）、Al_2O_3 质量分数为 89.4%）、造孔剂（聚乙烯和稻壳）和生石灰（Ca 量质量分数为 20% ~ 25%），制备粉煤灰基吸附剂基体；②分别以质量分数为 2%、5% 和 9% 的 NaCl 和 NaBr 活化溶液活化时间分别为 3 h、6 h 和 12 h。对完成活化实验制备的吸附剂先将晾干 12 h，再在 383 K 下烘干，得目标吸附剂	Hg	5% 的 NaCl 溶液浸渍活化 3 h 获得的吸附剂具有最优的脱 Hg 效果，Hg 去除率为 92.6%，吸附寿命为 1 430 min，吸附饱和量为 930.0 ng/g
3	活化粉煤灰基脱 Hg 吸附剂	①活化粉煤灰基吸附剂原料质量配比为 12% 黏土，2% 聚乙烯，3% 稻壳，15% 石灰，68% 粉煤灰。通过圆盘造球造粒机造球，晾干后在 1 373 K 下焙烧 4 h；②脱 Hg 吸附剂采用 5% 的卤盐溶液在室温下浸渍活化 3 h 后晾干，得活化粉煤灰基吸附剂	烟气脱 Hg	三段式脱 Hg 工艺在烟气流量为 2 000 Nm³/h 时，其脱 Hg 效率为 78.8%，其中吸附剂的脱 Hg 效率为 68.9%
4	低温 CO_2 吸附剂	①高铝粉煤灰和碱液混合进行预脱硅，滤渣进入粉煤灰提铝工艺；②对滤液进行分碳，过滤得到含水率较高的硅酸凝胶；③对未干燥的硅酸凝胶进行浸渍，得到低温 CO_2 吸附剂	CO_2	该吸附剂表现出良好的 CO_2 吸附性能，具备吸附容量高（160 mg/g）、吸附速率快、对设备腐蚀低、成本低廉等优点
5	脱氮吸附剂	①将粉煤灰、硅酸盐类矿物等活性固体原料研磨成极细的粉末状，再向该粉末中加碱、水和氯化物，调匀后成成泥状，放入成型设备进行挤压成形。成型后的固体在室温避光自然风干 36 h，再放入烘箱在 383 K 下进行烘干；②将烘干后的吸附剂放入活化设备进行升温，每 15 min 升温 293 K，直到 653 K，在该温度下保持 40 min 即完成吸附剂的活化过程	N_2	①该吸附剂具有制备简单、价格低廉、无须再生、不产生二次污染，具有较好的 NO_x 去除效果等特点；②该吸附剂对 NO_2 去除效果较 NO 好，这主要是由沸点差异和反应特点决定的

4.2　硫酸活化粉煤灰吸附去除废水中 PNP

PNP 是农药、医药、染料等精细化学产品生产中的中间体,能够在水生生物体内富集,难于被微生物降解,可通过呼吸吸入、食物摄取、皮肤接触等途径影响人类的健康。本节研究以硫酸活化粉煤灰(ACFA-1)为吸附剂,吸附处理 PNP 模拟废水。本节研究内容包括 ACFA-1 的制备、ACFA-1 的吸附动力学与吸附过程影响因素、ACFA-1 的稳定性研究与 Fenton 法再生、ACFA-1 的制备机理研究。

4.2.1　ACFA-1 的制备

本小节采用硫酸活化的方法制备所需的 ACFA-1,具体步骤如下:

(1)使用蒸馏水洗涤 RCFA,直至上清液 pH 等于蒸馏水的初始 pH 并不再发生变化。利用过滤、378 K 干燥的方式得到样品粉煤灰 1。

此次蒸馏水洗涤的目的是去除 RCFA 表面的杂质和轻易溶解的碱性物质,减少下一步酸浸时的 H_2SO_4 消耗量。

(2)将粉煤灰 1 浸渍在 H_2SO_4 溶液中,并进行充分的机械搅拌。浸渍一段时间后,再次使用蒸馏水洗涤粉煤灰 1,直到上清液 pH 等于蒸馏水的 pH 并不再发生变化,利用过滤、378 K 干燥的方式最终得到 ACFA-1 样品,置于干燥皿中备用。

此次蒸馏水洗涤的目的是去除固体表面的酸性物质,减轻酸性物质对废水 pH 的影响。

一些研究表明,酸浓度、活化时间、固液比、焙烧温度和搅拌速度等制备条件对 ACFA-1 的催化性能有显著影响,本小节研究结果如图 4.1 所示。

从图 4.1 可以看出,酸浓度、活化时间和固液比对 PNP 的吸附能力影响较为相似,即 H_2SO_4 浓度不足、活化时间较短或固液比较低时都会严重降低 ACFA-1 的吸附性。当 H_2SO_4 浓度、活化时间和固液比达到一定值时(H_2SO_4 投加量 = 1 mol/L,活化时间 = 30 min,固液比 = 1:20(g:mL)),ACFA-1 吸附量达到最大。

焙烧温度和搅拌速度对 ACFA-1 吸附性的影响不同。焙烧温度较低(< 373 K)或较高(> 573 K)都不能充分发挥 ACFA-1 的吸附性,最佳焙烧温度在 373~573 K 之间。当考虑 ACFA-1 的制备成本时,以 373 K 为最佳。搅拌速度的影响在实验范围内并不明显,说明搅拌充分即可。

在 H_2SO_4 活化过程中,H^+ 能与粉煤灰颗粒表面的碱性物质和金属氧化物发生反应,这无疑会改变粉煤灰的表面结构,甚至打开密闭孔道。若 H_2SO_4 质量浓度过低或活化时间较短,则无法充分打开密闭孔道。焙烧可以在一定程度上扩大粉煤灰的孔道容积,但温度过高可能导致孔道塌陷,减小比表面积。

根据以上讨论,ACFA-1 的最佳制备条件为:$C_{H_2SO_4}$ = 1 mol/L,活化时间 = 30 min,固液比 = 1:20(g:mL),焙烧温度 = 373 K,充分混合时间 < 30 min,此时 ACFA-1 的吸附量达到 1.1 mg/g。

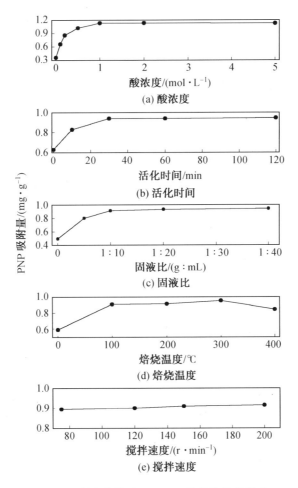

图 4.1　制备条件对 ACFA-1 催化性能的影响

4.2.2　ACFA-1 吸附动力学

　　本小节主要介绍 ACFA-1 吸附去除废水中 PNP 的动力学行为,包括 ACFA-1 吸附常数、最佳吸附时间和相应吸附量。吸附动力学曲线如图 4.2(a)所示,ACFA-1 的吸附效果较 RCFA 明显提高,在 5 min 时前者的吸附量为 0.38 mg/g,而后者的吸附量为 0.24 mg/g;另外,在 35 min 时两种吸附剂的吸附量变化不再明显,可以认为 35 min 后基本达到吸附平衡,此时 ACFA-1 的吸附量为 1.07 mg/g,RCFA 吸附量为 0.75 mg/g;当吸附时间延长至 60 min 和 120 min 时,吸附量会有少量提高。

　　利用拟一级和拟二级吸附动力学方程(式(4.1)和式(4.2))拟合图 4.2(a)中的数据,拟合结果分别如图 4.2(b)、图 4.2(c)所示。

$$\lg(q_e - q_t) = \lg q_e - \frac{K_1}{2.303} \cdot t \tag{4.1}$$

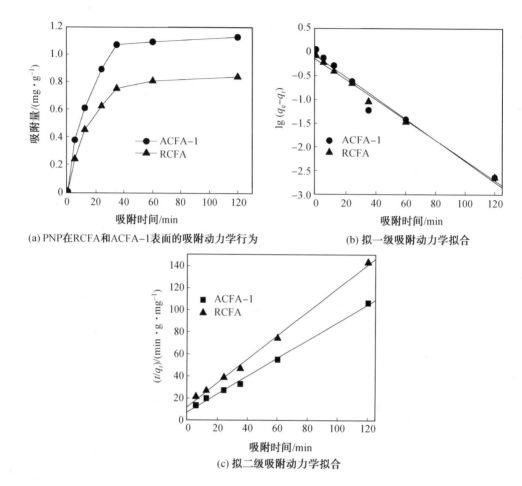

(a) PNP在RCFA和ACFA-1表面的吸附动力学行为　　　　　(b) 拟一级吸附动力学拟合

(c) 拟二级吸附动力学拟合

图4.2　PNP在 RCFA 和 ACFA-1 表面的吸附

（实验条件：$C_{PNP} = 25$ mg/L，吸附剂投加量 $= 20$ g/L，pH $= 6.5$，搅拌速度 $= 150$ r/min，$T = 303$ K）

$$\frac{t}{q_t} = \frac{1}{q_e} \cdot t + \frac{1}{K_2 \cdot q_e^2} \tag{4.2}$$

式中　q_t——吸附时间为 t min 时的吸附量，mg/g；

　　　q_e——平衡吸附量，mg/g；

　　　t——吸附时间，min；

　　　K_1——拟一级吸附动力学速率常数，1/min；

　　　K_2——拟二级吸附动力学速率常数，g/(mg·min)。

　　对于式(4.1)，为了得到 $\lg(q_e - q_t)$ 与吸附时间 t 的线性关系，应首先确定 q_e 值。如图 4.2(a)所示，吸附时间在 120 min 时虽然吸附尚未达到平衡，但已接近吸附平衡，因此，可将 120 min 时的吸附量作为 q_e 值，此时 ACFA-1 的 q_e 为 1.13 mg/g，RCFA 的 q_e 为 0.84 mg/g。对于方程式(4.2)，只需得到 q_t 便可得出 t/q_t 与吸附时间 t 的线性关系。与两个方程式相关的拟合结果见表4.4。

表 4.4　具体的吸附动力学方程和相应的吸附速率常数

吸附剂名称	动力学方程	R^2	K_1 和 K_2
ACFA-1	$\lg(q_e - q_t) = -0.024t + 0.0531$	0.9548	$0.055/(1 \cdot \min^{-1})$
	$\dfrac{t}{q_t} = 0.809t + 7.8019$	0.9961	$0.089/(g \cdot (mg \cdot \min)^{-1})$
RCFA	$\lg(q_e - q_t) = -0.022t - 0.0757$	0.9626	$0.051/(1 \cdot \min^{-1})$
	$\dfrac{t}{q_t} = 1.070t + 12.7940$	0.9967	$0.084/(g \cdot (mg \cdot \min)^{-1})$

从表 4.4 可以看出,ACFA-1 和 RCFA 的拟二级吸附动力学模型的回归系数 R^2 均高于拟一级吸附动力学模型的,因此,图 4.2(a)中的数据可以用拟二级吸附动力学模型描述,动力学研究结果与前人发表的研究结果一致,此时 ACFA-1 和 RCFA 的拟二级吸附动力学速率常数 K_2 分别为 0.089 g/(mg·min) 和 0.084 g/(mg·min)。如图 4.2(a)所示,当吸附时间为 35 min 时,ACFA-1 和 RCFA 对 PNP 的去除率分别为 85.6% 和 60.0%,考虑到在 35 min 时吸附几乎达到平衡,在此后的研究中,吸附时间均定为 35 min。

4.2.3　ACFA-1 吸附过程影响因素

1. pH 的影响

pH 对 ACFA-1 和 RCFA 吸附性的影响如图 4.3 所示。ACFA-1 和 RCFA 的吸附量变化趋势受 pH 的影响明显不同,RCFA 吸附量与 pH 的关系符合线性规律(式(4.3)),而 ACFA-1 的吸附量与 pH 的关系却符合指数变化规律(式(4.4))。

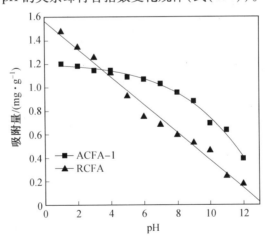

图 4.3　pH 对 ACFA-1 和 RCFA 吸附性的影响
(实验条件:C_{PNP}=25 mg/L,ACFA-1 投加量=20 g/L,吸附时间=35 min,
搅拌速度=150 r/min,吸附温度=303 K)

$$y = -0.118 \cdot pH + 1.56, \quad R^2 = 0.9852 \tag{4.3}$$

$$y = 1.2 - 7.7 \cdot e^{-\frac{(pH-29.6)^2}{0.0073}}, R^2 = 0.9911 \tag{4.4}$$

ACFA-1 的 PNP 吸附量随 pH 的指数变化规律使 ACFA-1 在 pH = 1.0 ~ 6.0 范围内具有较稳定的吸附性。形成鲜明对比的是,RCFA 对 PNP 的吸附量随 pH 的增加而不断下降,这不利于 RCFA 在不同的废水中保持稳定的吸附性。

2. 吸附温度与搅拌速度的影响

吸附温度和搅拌速度对 PNP 吸附量的影响如图 4.4 所示。从图 4.4(a)可以看出,随着吸附温度的升高,PNP 在 ACFA-1 和 RCFA 表面的吸附量略有下降,即吸附温度的升高对 ACFA-1 和 RCFA 对 PNP 的吸附量有影响,但影响不大,这与 Perez-Ameneiro 等的研究结果类似。在理论上,该吸附过程是一种不明显的放热过程,当吸附体系在 283 ~ 323 K 范围内运行时,无须刻意提高温度,只要吸附温度不超过 323 K,温度对吸附量的影响可以忽略不计。

搅拌速度的影响如图 4.4(b)所示,当搅拌速度不超过 150 r/min 时,搅拌速度的提高有助于提高吸附量,但当超过 150 r/min 后,吸附量的提高开始进入平缓期。随着搅拌速度的提高,吸附体系中的所有物质受到的机械力越来越大,使 ACFA-1 在整个体系中的分散程度和 PNP 在整个体系中的扩散程度趋于最大化。当搅拌速度达到 150 r/min 时,整个体系可以实现充分混合。

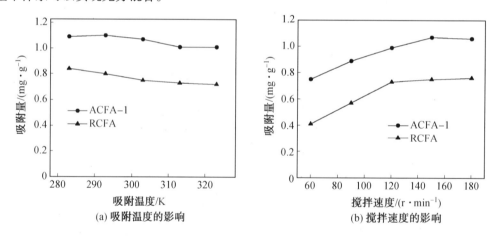

(a) 吸附温度的影响　　　　　　(b) 搅拌速度的影响

图 4.4　吸附温度和搅拌速度对 PNP 吸附量的影响

(实验条件:搅拌速度 = 150 r/min(a),吸附温度 = 303 K(b),C_{PNP} = 25 mg/L,吸附剂投加量 = 20 g/L,吸附时间 = 35 min,pH = 6.5)

4.2.4　吸附饱和的 ACFA-1 的 Fenton 法再生

Fenton 法在理论上可以直接氧化分解废水中的有机污染物,但其较窄的最佳 pH 范围(pH = 3.0)严重限制了 Fenton 法在废水处理中的广泛应用。当废水 pH 偏离 3.0 较大时,需要向废水中额外添加酸或碱来调整 pH;在处理水排放前,需要将 pH 再重新调整回 6.0 ~ 9.0 的范围,同时还需要付出额外的人力和物力处理含铁污泥。本小节利用 ACFA-1 将 Fenton 法废水处理分解为两个过程,分别是 PNP 的吸附分离和 PNP 的 Fenton

降解,这将成为解决 Fenton 体系最佳 pH 范围较窄的一种思路。

1. 吸附饱和的 ACFA-1 的 Fenton 法再生动力学

在吸附饱和的 ACFA-1(S-ACFA-1)的 Fenton 法再生过程中,S-ACFA-1 的再生率(RR)可利用式(4.5)进行计算:

$$RR(\%) = \frac{q_{n+1}}{q_n} \times 100 \tag{4.5}$$

式中 q_n——ACFA-1 在第 n 次的吸附量,mg/g;

q_{n+1}——与 q_n 同一批的 ACFA-1 在第 $n+1$ 次使用时,相同条件下的吸附量,mg/g。

S-ACFA-1 的 Fenton 法再生需要足够的反应时间。从图 4.5 可以看出,RR 随时间的延长而逐渐增加。最初的 60 min 为 RR 提高的最快阶段,RR 能够达到 79% 左右。当再生时间延长至 90 min 时,S-ACFA-1 和吸附饱和的 RCFA(S-RCFA)的 RR 分别达到 89% 和 96%,在 150 min 时分别达到 92% 和 98%。鉴于吸附时间从 90 min 增加到 150 min 时 RR 增加不明显,选择 90 min 作为最佳再生时间。

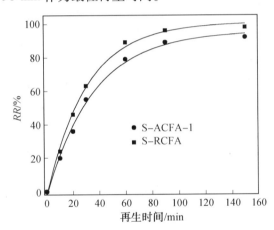

图 4.5 S-ACFA-1 和 S-RCFA 在类 Fenton 体系再生中的 RR 随时间变化曲线

(实验条件:S-ACFA-1 和 S-RCFA 投加量 = 10 g/L,$C_{H_2O_2}$ = 5.0 mmol/L,

$C_{Fe^{2+}}$ = 5.5 mmol/L,pH = 3.0,再生温度 = 303 K)

2. S-ACFA-1 再生的影响因素

在本小节研究中,分别考查了再生温度、pH、H_2O_2 浓度和 Fe^{2+} 浓度对 S-ACFA-1 和 S-RCFA的 RR 的影响,实验结果如图 4.6 ~ 4.9 所示。

(1)再生温度的影响。如图 4.6 所示,较高温度更有利于 S-ACFA-1 和 S-RCFA 的再生,主要因为·OH 在氧化有机污染物时为吸热反应。鉴于在 303 K 时,S-ACFA-1 和 S-RCFA 的 RR 均较高(分别为 89% 和 96%),本小节选择 303 K 作为最佳的再生温度。

(2)pH 的影响。如图 4.7 所示,pH = 3.0 为 S-ACFA-1 和 S-RCFA 再生的最佳 pH,这与其他研究结果一致。随着 pH 的增加或降低,RR 值均呈现明显下降。

当 pH 较低时(1.0 或 2.0),大量的 H^+ 将使反应式(4.6)逆向进行,减缓了 Fe^{3+} 的还原过程;当 pH 较高时(4.0≤pH≤6.0),Fe^{2+} 会变成氢氧化物沉淀,同样降低 Fenton 体系对污染物的氧化降解效果。

$$Fe^{3+} + H_2O_2 \longrightarrow Fe^{2+} + HO_2 \cdot + H^+ \tag{4.6}$$

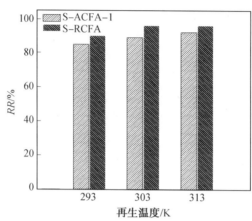

图 4.6　再生温度对 S-ACFA-1 和 S-RCFA 的 RR 的影响

（实验条件：$C_{H_2O_2}$=5.0 mmol/L，$C_{Fe^{2+}}$=5.5 mmol/L，pH=3.0，

再生时间=90 min，S-ACFA-1 和 S-RCFA 投加量=10 g/L）

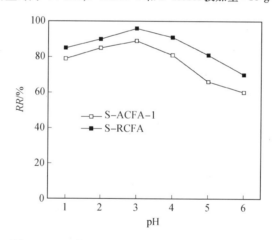

图 4.7　pH 对 S-ACFA-1 和 S-RCFA 的 RR 的影响

（实验条件：$C_{H_2O_2}$=5.0 mmol/L，$C_{Fe^{2+}}$=5.5 mmol/L，

再生温度=303 K，再生时间=90 min，S-ACFA-1 和 S-RCFA 投加量=10 g/L）

（3）H_2O_2 浓度的影响。H_2O_2 氧化 PNP 的反应方程如式（4.7）所示：

$$C_6H_5NO_3 + 14H_2O_2 \longrightarrow 6CO_2 + 16H_2O + HNO_3 \tag{4.7}$$

从式（4.7）可以看出，完全氧化 1 mol PNP 所需 H_2O_2 的理论量为 14 mol。由于10 g/L 的 ACFA-1 在 35 min 时对 PNP 的吸附量为 1.07 mg/g，理论上所需的 H_2O_2 浓度为 1.08 mmol/L。以该值为基础，本小节考查了 H_2O_2 浓度分别为 0 mmol/L、1 mmol/L、2 mmol/L、3 mmol/L、5 mmol/L、10 mmol/L 和 20 mmol/L 时的 RR 值，实验结果如图 4.8 所示。

从图 4.8 可以看出，在不添加 H_2O_2 的情况下，S-ACFA-1 和 S-RCFA 的 RR 分别为

21%和28%左右,这说明 PNP 在 ACFA-1 表面存在解吸行为。随着 H_2O_2 浓度的不断增加,S-ACFA-1 和 S-RCFA 的 RR 在迅速上升,直至 H_2O_2 浓度达到 5.0 mmol/L,H_2O_2 浓度的进一步增加导致 RR 的下降。

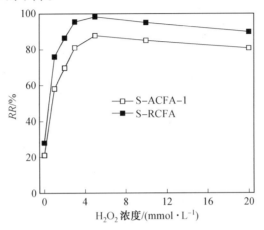

图 4.8　H_2O_2 浓度对 S-ACFA-1 和 S-RCFA 的 RR 的影响
(实验条件:再生温度=303 K,pH=3.0,$C_{Fe^{2+}}$=5.5 mmol/L,
再生时间=90 min,S-ACFA-1 和 S-RCFA 投加量=10 g/L)

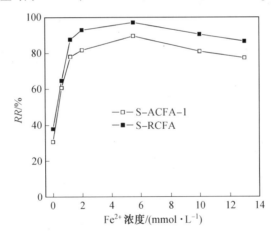

图 4.9　Fe^{2+} 浓度对 S-ACFA-1 和 S-RCFA 的 RR 的影响
(实验条件:再生温度=303 K,pH=3.0,$C_{H_2O_2}$=5.0 mmol/L,
再生时间=90 min,S-ACFA-1 和 S-RCFA 投加量=10 g/L)

可应用反应式(4.8)～式(4.10)解释 RR 随 H_2O_2 浓度的变化规律。当 H_2O_2 浓度在 0～5.0 mmol/L范围内时,较高的 H_2O_2 浓度可以提高·OH 的生成量,从而提高 RR(式(4.8));当 H_2O_2 浓度超过 5.0 mmol/L 时,过量的 H_2O_2 会促进副反应式(4.9)和(4.10)的发生,从而降低·OH 的有效利用率。

$$Fe^{2+}+H_2O_2 \longrightarrow Fe^{3+}+OH^-+\cdot OH \tag{4.8}$$

$$H_2O_2+\cdot OH \longrightarrow H_2O+HO_2\cdot \tag{4.9}$$

$$\cdot OH+\cdot OH \longrightarrow H_2O_2 \tag{4.10}$$

（4）Fe^{2+}浓度的影响。如图4.9所示，Fe^{2+}浓度与H_2O_2浓度的影响具有相似性，当Fe^{2+}浓度处于合理范围（0～5.5 mmol/L）时，增加Fe^{2+}浓度有利于S-ACFA-1的再生；当Fe^{2+}浓度超过5.5 mmol/L时，RR明显下降，这是由于多余的Fe^{2+}消耗体系中的·OH所致（式（4.11））。因此，本小节确定最佳Fe^{2+}浓度为5.5 mmol/L。

$$Fe^{2+} + \cdot OH \longrightarrow Fe^{3+} + OH^- \qquad (4.11)$$

4.2.5　ACFA-1的稳定性研究

在吸附过程中，吸附剂的可再生性和稳定性对简化操作、降低废水处理成本具有重要影响。制备ACFA-1采用"吸附—Fenton再生—吸附—Fenton再生—……"的循环方式连续吸附处理废水15次后的实验结果如图4.10所示。

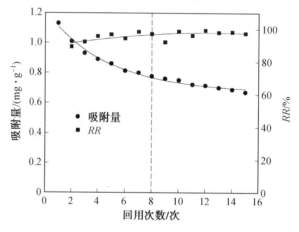

图4.10　采用"吸附—Fenton再生—吸附—Fenton再生—……"的循环方式利用同一批
ACFA-1连续处理废水15次后的吸附性变化及相应的RR
（吸附条件：C_{PNP}=25 mg/L，ACFA-1投加量=20 g/L，吸附时间=120 min，
搅拌速度=150 r/min，吸附温度=303 K，pH=6.5）
（再生条件：S-ACFA-1投加量=10 g/L，解吸时间=90 min，T=303 K，pH=3.0，
$C_{H_2O_2}$=5.0 mmol/L，$C_{Fe^{2+}}$=5.5 mmol/L）

从图4.10可以看出，ACFA-1在第1次使用时的吸附量为1.13 mg/g，第15次使用时的吸附量为0.67 mg/g，吸附性下降59.3%。然而，从第8次使用开始，RR几乎没有变化，保持在97%左右。根据RR的定义，ACFA-1自首次回用后，吸附量的下降逐渐趋于缓和。因此，当对吸附剂吸附量要求不高时，ACFA-1可重复多次使用。该性能也是其他吸附剂所不具备的，ACFA-1吸附性的下降可能是由ACFA-1表面部分孔隙的塌陷和磨损所致。

4.2.6　ACFA-1的制备机理研究

通过ACFA-1与RCFA的SEM图片（图4.11）对比可以看出，ACFA-1的颗粒尺寸明显小于RCFA的颗粒尺寸，这说明H_2SO_4通过与粉煤灰中的碱性物质和金属氧化物反应，破坏了粉煤灰的颗粒结构，使ACFA-1的比表面积较RCFA更大。该结论可通过吸附剂的 BET 测试进行定量评价,见表 4.5,ACFA-1 的比表面积是 RCFA 的 1.42 倍。

酸活化可以去除粉煤灰小孔中的化学组分(碱、金属氧化物),从而增加孔体积并降低平均孔径(表 4.5)。事实上,粉煤灰的所有的物化属性的变化都是粉煤灰酸活化本质特征的外在表现。

(a) ACFA-1　　　　　　　　　　　　　　(b) RCFA

图 4.11　ACFA-1 与 RCFA 的 SEM 图片对比

表 4.5　ACFA-1 与 RCFA 的 BET 测试结果

测试项目	ACFA-1	RCFA
比表面积/$(m^2 \cdot g^{-1})$	11.240	7.900
孔体积/$(cm^3 \cdot g^{-1})$	0.031	0.022
平均孔径/nm	6.542	7.341

4.3　粉煤灰原灰吸附处理焦化废水

焦化废水是一种典型的工业有机废水,含有难降解的杂环和多环芳烃类有毒化合物。焦化废水的直接排放会造成自然水体和土壤的严重污染,危及人体健康。二级生化处理虽然可以去除焦化废水中大部分化学需氧量(Chemical Oxygen Demand,COD),但生化处理后的废水 COD 仍维持在 130~300 mg/L,无法满足《城镇污水处理厂污染物排放标准》(GB 18918—2002)一级 A 标准。本节研究以未活化粉煤灰(ACFA-2)为吸附剂,吸附处理焦化废水,包括 ACFA-2 对废水初始 COD 的影响、ACFA-2 的浸出性研究、ACFA-2 的吸附动力学和热力学、吸附饱和的 ACFA-2(S-ACFA-2)的 Fenton 法再生研究。

4.3.1　ACFA-2 对废水初始 COD 的影响

在实验过程中,研究人员发现 ACFA-2 会向废水中引入少量 COD,使废水 COD 有所增加,影响废水处理效果。为了解这一现象,研究人员测试了不同 pH 时 ACFA-2 向蒸馏水中引入 COD 的情况,实验结果如图 4.12 所示。

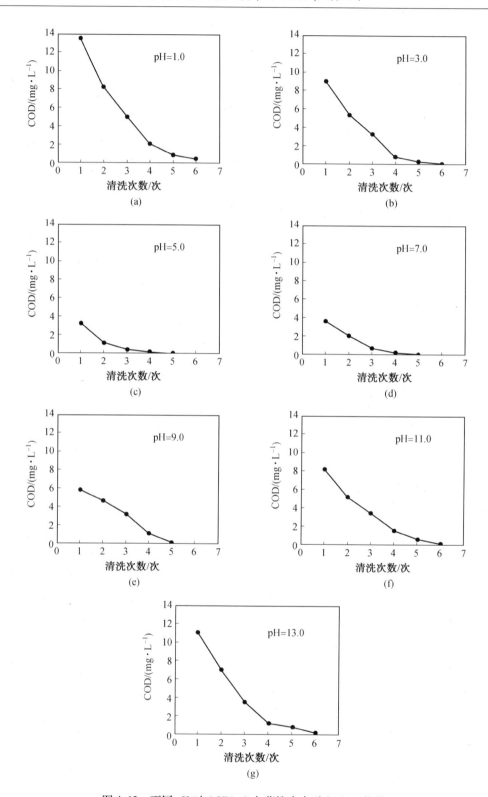

图 4.12　不同 pH 时 ACFA-2 向蒸馏水中引入 COD 的量

从图 4.12 可以看出，ACFA-2 在 pH＝1.0 和 13.0 时向蒸馏水中引入的 COD 量相对较高，约为 14 mg/L 和 11 mg/L，而在中性废水中相对较低（＜4 mg/L）。这可能是 ACFA-2 表面受 H⁺或 OH⁻侵蚀，使某些还原性成分溶解所致。另外，煤的产地与焚烧工艺、粉煤灰的收集与处理工艺、金属元素的淋溶条件等都对粉煤灰表面吸附的 COD 量产生影响，因此，吸附在 ACFA-2 表面的有机物溶解也可能导致废水 COD 量的升高。后续研究所使用的 ACFA-2 均经过了 6 次蒸馏水洗涤，使其在废水中浸出的 COD 量可以忽略不计。

4.3.2　ACFA-2 的浸出性

ACFA-2 的浸出性对其工程应用可行性影响较大。鉴于 ACFA-2 第一次吸附处理有机废水时浸出的金属元素质量浓度最高，本小节对新的 ACFA-2 的浸出性测试结果见表 4.6。从表 4.6 中可以看出，在处理后的废水中可检出 Cr、Pb、Ni 等 8 种金属元素，质量浓度普遍在 0.01～0.07 mg/L 之间（Fe 除外），低于《城镇污水处理厂污染物排放标准》（GB 18918—2002），这说明本研究所采用的 ACFA-2 可直接作为吸附剂应用于焦化废水的吸附处理。

表 4.6　ACFA-2 投加量为 40 g/L 时不同金属元素浸出的质量浓度　　　　mg/L

元素	Fe	Cr	Pb	Ni	Cu	Zn	Ce	Mn
质量浓度	0.238	0.027	0.018	0.012	0.024	0.067	0.065	0.062

考虑到不同粉煤灰的物化属性差异较大，且可能含有有毒的金属元素（如 Cr 和 Pb），在使用粉煤灰基吸附剂处理有机废水前应充分考虑粉煤灰的浸出性。由于在不同条件下粉煤灰的浸出性会有所变化，因此，对粉煤灰基吸附剂的浸出性研究应与应用领域的特定情况相符合。

4.3.3　ACFA-2 的吸附动力学

本小节分别利用拟一级（式(4.1)）和拟二级（式(4.2)）吸附动力学方程对 ACFA-2 的吸附动力学数据进行拟合，同时利用阿伦尼乌斯方程式(4.12)计算 ACFA-2 的吸附活化能，用于确定 ACFA-2 的吸附类型。

$$\ln K' = -\frac{E}{R \cdot T} + \ln A_0 \tag{4.12}$$

式中　K'——吸附动力学速率常数，其值可与 K_1、K_2 或 K_3 相等；

　　　A_0——指前因子，1/min；

　　　T——热力学温度，K；

　　　R——气体常数，8.314 J/(mol·K)。

根据式(4.1)，鉴于吸附过程在 180 min 后变得非常缓慢，并且在 240 min 时接近吸附平衡，在本研究中 q_e 被确定为 240 min 时的 ACFA-2 吸附量；对于式(4.2)，如果吸附数据与该方程拟合较好，t/q_t 与 t 之间将呈现良好的线性关系，q_e 和 K_2 可直接通过直线斜率和截距计算得出。后续实验的吸附平衡时间均定为 240 min。

1. 废水温度

有研究表明温度会显著影响吸附剂的吸附性,本小节考查了废水温度的影响,实验结果如图 4.13 所示。从图 4.13 中可以看出,ACFA-2 在较低温度下具有较好的吸附性,温度升高会显著降低其吸附量,最大吸附量为 1.80 mg/g。

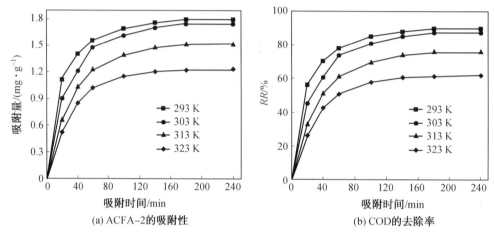

图 4.13　废水温度的影响
(实验条件:COD=80 mg/L,ACFA-2 投加量=40 g/L,pH=7.0)

利用式(4.1)和(4.2)对图 4.13 中的数据进行拟合,计算得出的动力学方程和相关数据(R^2、K_1 和 K_2)见表 4.7。从表 4.7 中可以看出,K_1 和 K_2 总是随着温度的升高而减小,即吸附速率越来越慢。因此,ACFA-2 对于焦化废水中 COD 的吸附属于放热过程,在较低温度下吸附效果较好;另外,通过对比回归系数,可以发现 ACFA-2 的吸附过程更符合拟二级吸附动力学行为,因此,式(4.12)中的 K' 等于方程式(4.2)中的 K_2 值。

表 4.7　吸附动力学方程及相应的吸附速率常数

T/K	动力学方程	R^2	K_1 和 K_2
293	$\lg(q_e - q_t) = -0.014\,4t + 0.255\,2$	0.944 2	0.033 2/(1 · min^{-1})
	$t/q_t = 0.536\,0t + 4.866\,8$	0.995 0	0.059 0/(g · (mg · min)$^{-1}$)
303	$\lg(q_e - q_t) = -0.013\,2t + 0.243\,2$	0.955 4	0.029 9/(1 · min^{-1})
	$t/q_t = 0.539\,4t + 7.353\,6$	0.988 3	0.043 6/(g · (mg · min)$^{-1}$)
313	$\lg(q_e - q_t) = -0.012\,1t + 0.181\,5$	0.980 2	0.027 9/(1 · min^{-1})
	$t/q_t = 0.609\,2t + 10.712\,0$	0.985 4	0.036 6/(g · (mg · min)$^{-1}$)
323	$\lg(q_e - q_t) = -0.011\,4t + 0.093\,2$	0.976 9	0.026 3/(1 · min^{-1})
	$t/q_t = 0.716\,3t + 16.624\,0$	0.994 6	0.030 9/(g · (mg · min)$^{-1}$)

利用阿伦尼乌斯方程式(4.12)处理吸附数据的结果如图 4.14 所示。从图 4.14 中可以看出,$1/T$ 和 $\ln K_2$ 之间存在良好的线性关系($R^2 = 0.984\,5$),表明吸附过程符合阿伦尼乌斯方程。根据 $\ln K_2$ 对 $1/T$ 的斜率和截距,计算得到的活化能为 -16.7 kJ/mol。根据实

验结果,物理吸附和化学吸附的活化能分别在 8.4~25.1 kJ/mol 之间和 83 kJ/mol 以上。因此,ACFA-2 对焦化废水中 COD 的吸附属于物理吸附。值得注意的是,活化能为负值时意味着温度的升高会导致吸附速率的下降。

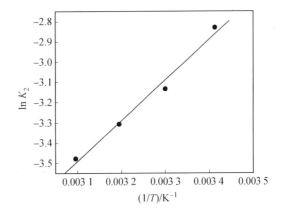

图 4.14 ACFA-2 吸附数据的阿伦尼乌斯方程拟合
(实验条件:COD = 80 mg/L,ACFA-2 投加量 = 40 g/L,pH = 7.0)

2. 废水 pH

废水 pH 对 ACFA-2 吸附量的影响如图 4.15 所示。从图 4.15 中可以看出,随着 pH 的变化,ACFA-2 吸附量和 COD 去除率变化不大,甚至会有交叉,可见 pH 对 ACFA-2 吸附性影响不大。图 4.15(a) 显示中性条件下(pH = 5.0~9.0)ACFA-2 的吸附性(≤1.80 mg/g)略低于酸性和碱性条件下(pH = 1.0、3.0、11.0、13.0)的吸附性(≥1.86 mg/g)。这主要是酸性和碱性条件下 ACFA-2 表面的一些化学成分会溶解,产生额外孔洞,增大比表面积,从而吸附更多 COD 所致。

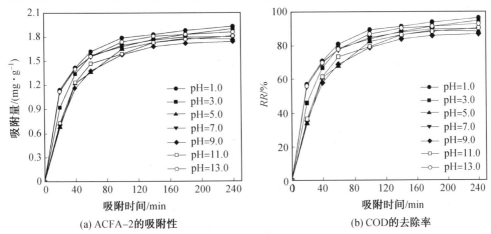

(a) ACFA-2的吸附性   (b) COD的去除率

图 4.15 废水 pH 对 ACFA-2 吸附量的影响
(实验条件:COD = 80 mg/L,ACFA-2 投加量 = 40 g/L,废水温度 = 293 K)

3. ACFA-2 投加量

为了在废水处理成本和 COD 去除率间取得平衡,需要探讨 ACFA-2 投加量的影响,实验结果如图4.16所示。在图4.16(a)中,左侧 y 轴表示 ACFA-2 在不同投加量时(10 g/L、20 g/L、30 g/L、40 g/L、50 g/L、60 g/L)的吸附量,右侧 y 轴表示 COD 的去除率。可以看出,取得较好的 COD 去除效果需要投入较多的 ACFA-2,而 ACFA-2 投加量的增加会降低 ACFA-2 的单位质量吸附量,即 ACFA-2 的吸附能力无法得到充分发挥。例如,当 ACFA-2 投加量为 10 g/L 时,ACFA-2 的单位质量吸附量为 2.08 mg/g;当投加量为 60 g/L 时,ACFA-2 的单位质量吸附量降至 1.30 mg/g。由于 ACFA-2 在投加量为40 g/L(1.80 mg/g)时的单位质量吸附量与 10 g/L(2.08 mg/g)时的相差较小,且此时的COD 去除率也较高(89.9%),本研究选定 40 g/L 作为 ACFA-2 的最佳投加量。

图4.16(b)所示也证实了不断增加 ACFA-2 投加量将使吸附剂的吸附性无法充分发挥的结论。当 ACFA-2 投加量为 10 g/L 时(0~10 g/L)可去除 26.0% 的 COD。在此基础上额外增加的第一个 10 g/L 的 ACFA-2 投加量对 COD 去除率降为 24.3%,第二个、第三个、第四个和第五个 10 g/L 的 ACFA-2 投加量对 COD 去除率分别降为 20.0%、19.6%、4.5% 和 3.2%。

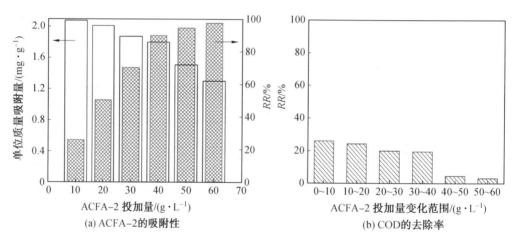

(a) ACFA-2 的吸附性　　　　　　　　　(b) COD 的去除率

图 4.16　ACFA-2 投加量的影响

(实验条件:COD=80 mg/L,废水温度=293 K,pH=7.0,吸附时间=180 min)

4.3.4　ACFA-2 的吸附热力学

本小节在实验条件不发生变化的情况下(吸附时间=240 min,pH=7.0,ACFA-2 投加量=40 g/L),考查不同 COD 初始质量浓度(20 mg/L、35 mg/L、50 mg/L、65 mg/L、80 mg/L、95 mg/L、120 mg/L、133 mg/L)、不同温度(293 K、303 K、313 K 和 323 K)下的ACFA-2 吸附热力学。研究采用两种常用的等温吸附模型——Langmuir 模型式(4.13)和Freundlich 模型(式(4.14))拟合 ACFA-2 的吸附热力学数据,利用式(4.15)和式(4.16)计算吸附热力学参数(ΔG^{θ}、ΔH^{θ}、ΔS^{θ})。Langmuir 模型假设所有的吸附点位具有相同的吸附性,均为单分子吸附,同时吸附质分子之间互不影响。Freundlich 模型假设平衡吸附

量会随着溶液中吸附质质量浓度的增加而增加。

$$\frac{1}{q_e} = \frac{1}{K_L \cdot q_s} \cdot \frac{1}{C_e} + \frac{1}{q_s} \tag{4.13}$$

$$\lg q_e = \lg K_F + \frac{1}{n} \lg C_e \tag{4.14}$$

$$\ln K = -\frac{\Delta H^\theta}{R \cdot T} + \frac{\Delta S^\theta}{R} \tag{4.15}$$

$$\Delta G^\theta = \Delta H^\theta - T \cdot \Delta S^\theta \tag{4.16}$$

式中　C_e——废水中污染物的平衡质量浓度，mg/L；

　　　q_s——吸附剂的饱和吸附量，mg/g；

　　　K_L——Langmuir 模型的平衡吸附常数，L/mg；

　　　K_F——Freundlich 模型的平衡吸附常数，mg/g；

　　　K——热力学平衡常数，其值等于 K_L 或 K_F，无量纲；

　　　n——Freundlich 模型指数（无量纲）；

　　　R——气体常数，8.314 J/(mol·K)。

图 4.17 给出了式(4.13)的拟合结果，即 $\dfrac{1}{COD_e}$ 与 $\dfrac{1}{q_e}$ 的线性关系；鉴于式(4.14)对数据的拟合结果较差（如表 4.8 中 Freundlich 一列的 R^2 值），此处未给出具体吸附数据。在本研究中，式(4.15)中的 K 等于 K_L。

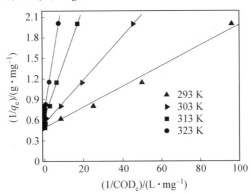

图 4.17　基于 Langmuir 模型的 $\dfrac{1}{COD_e}$ 与 $\dfrac{1}{q_e}$ 之间的线性关系

（实验条件：吸附时间=240 min，pH=7.0，ACFA-2 投加量=40 g/L）

表 4.8　ACFA-2 吸附 COD 的热力学参数

吸附温度/K	Langmuir 模型			Freundlich 模型			ΔG^{θ} /(kJ · mol^{-1})	ΔH^{θ} /(kJ · mol^{-1})	ΔS^{θ} /(kJ · (mol · K)$^{-1}$)
	K_L	q_s	R^2	K_F	n	R^2			
293	32.71	2.04	0.987 7	1.40	8.52	0.826 0	-8.58		
303	17.44	1.81	0.998 2	1.23	7.63	0.883 4	-7.04	-53.79	-0.15
313	8.10	1.55	0.994 1	1.01	7.85	0.893 7	-5.49		
323	4.32	1.35	0.995 7	0.85	7.91	0.866 4	-3.95		

根据式(4.15)中 $\ln K_L$ 与 $1/T$ 之间线性关系的截距和斜率,可求得 ΔH^{θ} 和 ΔS^{θ},同理,根据式(4.16)可得出 ΔG^{θ}。ΔH^{θ}、ΔS^{θ} 和 ΔG^{θ} 的具体值见表4.8。鉴于 ΔH^{θ} 为负值,可以判断 ACFA-2 的吸附过程伴随着放热,即降低温度有助于 ACFA-2 吸附能力的提高;ΔS^{θ} 为负值表明吸附过程可以降低系统的混乱度;ΔG^{θ} 为负值表明当吸附温度在 293~323 K 之间时,吸附为自发过程。值得注意的是,吸附过程不能总是自发进行。从式(4.16)可以看出,当吸附温度大于 358.6 K 时,ΔG^{θ} 变为正值,吸附过程终止。

为了推测吸附类型,Oepen 等测定了不同作用力时的吸附能,并给出了相应的范围,如表4.9所示。本研究中 ΔH^{θ} 的绝对值为 53.79 kJ/mol,略低于化学键力起作用时的吸附能,因此可以推断本研究中的吸附过程为物理吸附。

表 4.9　不同作用力时的吸附能　　　　　　　　　　　　　　kJ/mol

作用力	范德瓦耳斯力	疏水力	氢键力	偶极键力	化学键力
吸附能	4~10	5	2~40	2~29	>60

4.3.5　S-ACFA-2 的 Fenton 法再生

Fenton 法再生 S-ACFA-2 的机理如图 4.18 所示。从图 4.18 中可以看出,S-ACFA-2的再生是由 Fenton 法生成的 ·OH 的氧化引起的,Fe^{2+} 和 Fe^{3+} 可以通过与 H_2O_2 反应实现氧化还原循环。

在本小节中,吸附剂再生率采用式(4.17)进行计算,即

$$RR_n = \frac{q_n}{q_0} \times 100 \qquad (4.17)$$

式中　RR_n——第 n 次再生率,%;

　　　n——再生次数;

　　　q_0——未使用的 ACFA-2 的吸附量,mg/g;

　　　q_n——ACFA-2 在第 n 次再生后的吸附量,mg/g。

本小节分别利用幂函数(式(4.18))、指数函数(式(4.19))和双曲函数(式(4.20))拟合 ACFA-2 的再生数据,采用标准差(式(4.21))确定最佳的拟合方程。

$$RR_1 = a_1 \cdot x^{b_1} \qquad (4.18)$$

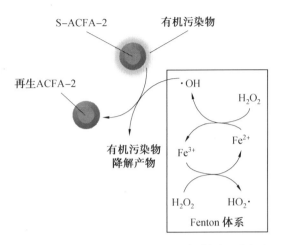

图 4.18　S-ACFA-2 的 Fenton 法再生机理图

$$RR_1 = a_2 \cdot e^{\frac{b_2}{x}} \tag{4.19}$$

$$\frac{1}{RR_1} = a_3 + \frac{b_3}{x} \tag{4.20}$$

$$S = \sqrt{\frac{1}{n-1} \cdot \sum_{i=1}^{n} (RR_{1i} - \bar{RR}_{1i}^{*})^2} \tag{4.21}$$

式中　x——自变量,如再生时间(t)、H_2O_2 浓度($C_{H_2O_2}$)、Fe^{2+} 浓度($C_{Fe^{2+}}$)或再生温度;

　　　　$a_1 \sspace b_1$——幂函数的系数;

　　　　$a_2 \sspace b_2$——指数函数的系数;

　　　　$a_3 \sspace b_3$——双曲函数的系数;

　　　　n——(x, RR_1)的组数;

　　　　RR_{1i}——RR_1 的第 i 个实验值;

　　　　$\bar{RR}_{1i}$——RR_1 的第 i 个计算值;

　　　　S——标准差。

　　鉴于在常温常压下对废水进行处理可极大降低能耗和废水处理成本,本小节研究并优化了常温(293 K)常压下 S-ACFA-2 的 Fenton 法的再生条件。鉴于后续研究的吸附剂再生时间为数小时,当工程应用对吸附剂再生时间要求不是很高时,本小节的研究内容可提供一定的参考;而如果再生时间有限,则可以利用微波辐射来缩短再生时间,但能耗会有所提升。

1. RR_1 随再生时间的变化

　　为了确定最佳再生时间,本小节研究 RR_1 随再生时间的变化。如图 4.19 所示,在再生初始阶段,RR_1 显著上升,但当再生时间从 270 min 延长到 360 min 时,RR_1 基本不再变化。因此,本小节确定 270 min 为最佳再生时间,此时 $RR_1 = 87.1\%$。

　　利用式(4.18)~式(4.20)拟合再生数据的结果见表 4.10。从表 4.10 可以看出,双曲函数的标准差最小(0.021),其能够较好地拟合再生数据。根据正态分布理论,当利用

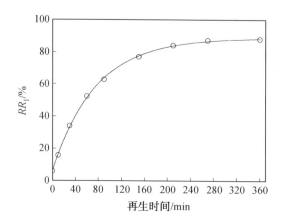

图 4.19 ACFA-2 的再生率 RR_1 随再生时间的变化

（实验条件：$C_{H_2O_2} = 5$ mmol/L，$C_{Fe^{2+}} = 8$ mmol/L，pH = 3.0，

S-ACFA-2 投加量 = 10 g/L，再生温度 = 293 K）

公式 $\dfrac{1}{RR_1} = 0.986 + \dfrac{53.913}{t}$ 计算 RR_1 时，RR_1 的实验值有 68.3%、95.4% 和 99.7% 的概率分别处于置信区间（$\overline{RR_1} - 0.021, \overline{RR_1} + 0.021$）、（$\overline{RR_1} - 0.042, \overline{RR_1} + 0.042$）和（$\overline{RR_1} - 0.063,$ $\overline{RR_1} + 0.063$）的范围内。

表 4.10　三种拟合函数的系数及对应的 S 值（再生时间为自变量）

幂函数			指数函数			双曲函数		
a_1	b_1	S	a_2	b_2	S_2	a_3	b_3	S_3
0.063	0.482	0.091	0.821	−17.617	0.086	0.986	53.913	0.021

2. 再生条件对 RR_1 的影响

本小节研究并优化了 H_2O_2 浓度、Fe^{2+} 浓度和再生温度对 RR_1 的影响，实验结果如图 4.20 所示。

在研究 H_2O_2 投加量的影响时，可以根据电子转移量来初步确定所需的 H_2O_2 理论量。O 原子在 ·OH 中的化学价为−1，在氧化有机物时可得到一个电子，化学价变为−2。在 Fenton 反应中，H_2O_2 在 Fe^{2+} 的催化作用下，1 mmol 的 H_2O_2 可生成 1 mmol 的 ·OH。因此，加入 1 mmol 的 H_2O_2 可引起 1 mmol 的电子转移。

COD 是指在氧化有机物过程中所需氧气的质量浓度。以 COD = 32 mg/L 为例，在 O_2 氧化有机物过程中，O 原子将获得两个电子，化学价从 0 价降低到−2 价，即 1 mmol 的 O_2 会获得 4 mmol 电子。因此，当 O_2 作为氧化剂时，去除 32 mg/L COD 可引起 4 mmol 电子的转移。

根据上述计算，当废水中 COD 为 M mg/L 时，在理论上为了去除所有 COD，需要添加 $\dfrac{M}{32} \times 4$ mmol/L 的 H_2O_2。在本小节中，用于测试 ACFA-2 再生性能的 S-ACFA-2 是在

pH=7.0、吸附温度=293 K 和吸附时间=180 min 的条件下生成的,此时 ACFA-2 的吸附量为 1.80 mg/g。此时,再生 1 g 的 S-ACFA-2 所需 H_2O_2 的理论量为 0.225 mmol。在再生过程中,S-ACFA-2 的投加量为 10 g/L,所需 H_2O_2 的理论投加量为 2.25 mmol/L。

H_2O_2 投加量的影响如图 4.20(a)所示,该图中 H_2O_2 投加量的考查范围包括 2.25 mmol/L。从图 4.20(a)可以看出,H_2O_2 浓度的增加可以使 RR_1 逐渐增加,当 H_2O_2 投加量不超过 5 mmol/L 时,RR_1 可以从 12.9% 增加到 87.1%,但当 H_2O_2 投加量继续增加时 RR_1 的提升幅度较小。RR_1 随 H_2O_2 浓度的变化可以用 Fenton 过程中发生的副反应来解释,如式(4.9)和(4.10)。实际上,无论添加多少 H_2O_2,这两个副反应总是发生的。这是 2.25 mmol/L 的 H_2O_2 不能完全去除 COD 的一个原因(由于温度较低,H_2O_2 的自分解可以忽略不计)。添加过量的 H_2O_2(>5 mmol/L)会放大这两个副反应,导致·OH 和 H_2O_2 的有效利用率迅速下降。

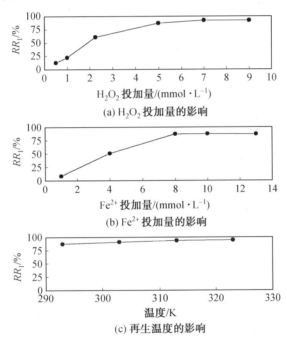

图 4.20　实验条件对 S-ACFA-2 的 RR_1 的影响

(实验条件:S-ACFA-2 投加量=10 g/L,pH=3.0(a:$C_{Fe^{2+}}$=8 mmol/L,T=293 K;
b:$C_{H_2O_2}$=5 mmol/L,T=293 K;c:$C_{H_2O_2}$=5 mmol/L,$C_{Fe^{2+}}$=8 mmol/L))

Fe^{2+} 投加量的影响(图 4.20(b))与 H_2O_2 投加量的影响较为相似,即当 Fe^{2+} 投加量在适当范围(1~8 mmol/L)时,增加 Fe^{2+} 投加量有利于 S-ACFA-2 的再生。当 Fe^{2+} 剂量超过 8 mmol/L 时,由于 Fe^{2+} 对·OH 的额外消耗(式(4.11)),RR_1 几乎保持稳定。

图 4.20(c)为再生温度的影响,当再生温度在 293~323 K 范围内时,温度的升高可以使 RR_1 从 87.1% 增加到 94.1%,这是因为·OH 氧化降解 COD 为吸热过程。考虑到 COD 的去除率在 293~323 K 范围内变化不明显,且 323 K 时的能耗显著高于 293 K 时的能耗,本研究认为 293 K 为最佳再生温度。

利用式(4.18)~式(4.20)对图 4.20 中的数据进行拟合,结果见表 4.11。从表 4.11

可以看出,指数函数的标准偏差值最小,这说明指数函数可以更好地拟合图4.20中的数据。当 H_2O_2 投加量、Fe^{2+} 投加量或再生温度为自变量时,RR_1 的置信区间与相应的概率见表4.12。

表4.11　式(4.18)~式(4.20)对图4.20中的数据拟合结果

项目	幂函数			指数函数			双曲函数		
	a_1	b_1	S	a_2	b_2	S_2	a_3	b_3	S_3
$C_{H_2O_2}$	0.242	0.712	0.143	1.000	−1.110	0.067	0.474	3.664	0.120
$C_{Fe^{2+}}$	0.109	0.915	0.166	1.077	−2.467	0.056	−0.103	10.737	0.279
T	0.009	0.814	0.008 0	2.064	−251.048	0.007 5	0.196	276.929	0.008 0

表4.12　当 H_2O_2 投加量、Fe^{2+} 投加量或再生温度为自变量时,RR_1 的置信区间与相应的概率

项目	方程式	概率		
		68.3%	95.4%	99.7%
$C_{H_2O_2}$	$RR_1 = e^{\frac{-1.11}{(H_2O_2)}}$	($\bar{RR_1}$ −0.067, $\bar{RR_1}$ +0.067)	($\bar{RR_1}$ −0.134, $\bar{RR_1}$ +0.134)	($\bar{RR_1}$ −0.201, $\bar{RR_1}$ +0.201)
$C_{Fe^{2+}}$	$RR_1 = 1.077 \cdot e^{\frac{-2.467}{(Fe^{2+})}}$	($\bar{RR_1}$ −0.056, $\bar{RR_1}$ +0.056)	($\bar{RR_1}$ −0.112, $\bar{RR_1}$ +0.112)	($\bar{RR_1}$ −0.168, $\bar{RR_1}$ +0.168)
T	$RR_1 = 2.064 \cdot e^{\frac{-251.048}{T}}$	($\bar{RR_1}$ −0.007 5, $\bar{RR_1}$ +0.007 5)	($\bar{RR_1}$ −0.015, $\bar{RR_1}$ +0.015)	($\bar{RR_1}$ −0.022 5, $\bar{RR_1}$ +0.022 5)

4.3.6　ACFA-2 的吸附稳定性

ACFA-2 的吸附稳定性与废水处理成本相关,本小节通过研究 ACFA-2 在不同回用次数时的再生率考查 ACFA-2 的吸附稳定性,实验结果如图4.21所示。在前4次再生过程中,RR 从87.1%增加到89.7%,然后从89.7%开始逐渐降低。

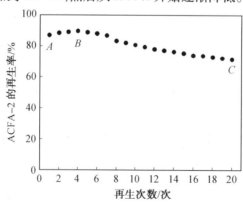

图4.21　再生率随再生次数的变化

图 4.22 中给出了三个再生点(A、B 和 C)的 SEM 表征结果,其中 A、B 和 C 分别代表第 1、第 4 和第 20 次再生后的 ACFA-2 样品。通过表 4.13,对比 A 和 B,可以看出 B 的比表面积、孔体积和平均孔径均大于 A,这在 SEM 图像上也有所反映,可能是在再生和回用过程中 ACFA-2 表面和孔隙中某些化学成分的溶解所致。C 样品的三个指标均有所降低,可能是 ACFA-2 的颗粒直径变小所致(如 SEM 图)。虽然颗粒直径变小在理论上有助于比表面积的增加,但同时也会在一定程度上降低孔体积和平均孔径,使得比表面积变小。

(a) A 处　　　　　　　(b) B 处　　　　　　　(c) C 处

图 4.22　ACFA-2 在三个再生点(A、B 和 C)的 SEM 表征结果

表 4.13　ACFA-2 比表面积和表面孔隙特征在三个再生点(A、B 和 C)的表征结果

项目	A	B	C
比表面积/($m^2 \cdot g^{-1}$)	9.71	10.12	9.39
孔体积/($m^3 \cdot g^{-1}$)	0.039	0.047	0.028
平均孔径/nm	7.142	7.316	5.946

根据上述结果,ACFA-2 至少可以再生和使用 4 次,但具体使用次数可根据废水处理效果和实际需求确定。表 4.14 对比了 ACFA-2 与已发表的几种典型吸附剂的吸附稳定性(以回用次数衡量)。从表 4.14 可以看出,吸附剂在废水处理中的应用非常广泛,包括但不限于有机物、金属元素和溶解性磷酸盐的吸附去除。大多数吸附剂(包括 ACFA-2)的吸附稳定性保持在同一数量级,一般再生回用次数不超过 10 次,但与其他吸附剂相比,ACFA-2 具有成本低、原材料来源广泛等优点。

表 4.14　不同吸附剂的吸附稳定性

序号	吸附剂	吸附稳定性	吸附质
1	ACFA-2	≥4 次	COD
2	含胺基的极性纳米树枝状吸附剂	10 次	水杨酸
3	氧化石墨烯/甲壳素纳米纤维复合泡沫	3 次	亚甲基蓝
4	一种具有高比表面积和阳离子交换特性的新型双功能吸附剂	5 次	四环素与 Cu^{2+}
5	聚乙烯亚胺/聚氯乙烯交联纤维	5 次	Pd(Ⅱ)
6	凹凸棒石上沉积的原子层状锰团簇	7 次	稀土元素
7	磁性纳米碳吸附剂	5 次	Cr(Ⅵ)
8	Fe_3O_4/SiO_2 颗粒表面负载 ZnFeZr 吸附剂	60 次	溶解磷

4.4　酸、碱、热活化粉煤灰吸附剂去除废水中 Cr(Ⅵ)

本研究以 RCFA 为原材料,分别利用 NaOH 活化、HCl 活化和高温活化方法制备三种粉煤灰基吸附剂(ACFA-3),并用于 Cr(Ⅵ)模拟废水的处理。实验优化三种活化方法的活化条件,利用四种吸附动力学模型和三种吸附热力学模型拟合吸附数据,分别计算吸附活化能和热力学参数,确定了吸附类型;实验分析三种吸附剂的应用可行性(稳定性、浸出性、吸附剂制备费用、废水处理费用),并利用五种误差函数的非线性拟合优化了动力学模型和热力学模型中的重要参数。

4.4.1　三种 ACFA-3 的吸附量与表征

三种 ACFA-3 在 NaOH 活化、HCl 活化和高温活化三种活化条件下的吸附量如图 4.23 所示。从图 4.23 可以看出,在室温条件下,3 mol/L 的 NaOH 浸渍液和 2 mol/L 的 HCl 浸渍液分别为制备 NaOH 活化 ACFA-3 和 HCl 活化 ACFA-3 的最佳浓度,1 173 K 是制备高温活化 ACFA-3 的最佳焙烧温度。本部分研究后续所使用的三种 ACFA-3 均采用上述最佳实验条件制备。三种 ACFA-3 的表面形貌和 BET 测试结果分别如图 4.24 和表 4.15 所示。

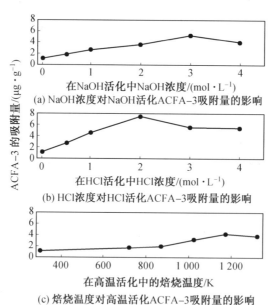

(a) NaOH浓度对NaOH活化ACFA-3吸附量的影响

(b) HCl浓度对HCl活化ACFA-3吸附量的影响

(c) 焙烧温度对高温活化ACFA-3吸附量的影响

图 4.23　三种 ACFA-3 吸附剂的最佳制备条件

(实验条件:$C_{Cr(Ⅵ)}$ = 100 μg/L,pH = 7.0,吸附时间 = 600 min,吸附剂投加量 = 10 g/L

(a:室温,固液比 = 40 : 1(g : L),活化时间 = 5 h;b:室温,

固液比 = 40 : 1(g : L),活化时间 = 5 h;c:焙烧时间 = 5 h)

(a) RCFA

(b) NaOH活化ACFA-3

(c) HCl活化ACFA-3

(d) 高温活化ACFA-3

图 4.24　RCFA 与三种 ACFA-3 的 SEM 图片对比

表 4.15　RCFA 与三种 ACFA-3 的表面特征

吸附剂	比表面积/$(m^2 \cdot g^{-1})$	孔体积/$(cm^3 \cdot g^{-1})$	平均孔径/nm
RCFA	12.54	0.039	4.621
NaOH 活化 ACFA-3	12.33	0.031	4.971
HCl 活化 ACFA-3	16.32	0.061	3.820
高温活化 ACFA-3	13.89	0.043	4.410

　　从图 4.24 可以看出,三种活化方法均能够显著改变 RCFA 的表面形貌。如图 4.24(b)所示,在经 NaOH 溶液浸渍后,粉煤灰表面覆盖了一层类似蜡状的物质,表面较原灰更加光滑,粉煤灰的比表面积略有降低(表 4.15)。如图 4.24(c)所示,在经 HCl 活化后,粉煤灰表面变成了蜂窝状结构,这是 H⁺ 与 RCFA 表面金属氧化物和碱性氧化物反应所导致的结果。如图 4.24(d)所示,在高温活化下,粉煤灰表面有类似新晶相生成,这主要由于高温使粉煤灰颗粒内部的非晶相经历融化和冷却过程,其中的元素进行重组,从而生成新晶体导致的结果。

　　图 4.25 和图 4.26 证实了高温下粉煤灰表面新晶体生成的结论。如图 4.25 所示,NaOH 活化 ACFA-3 和 HCl 活化 ACFA-3 均与 RCFA 具有高度相似的 XRD 图谱,而高温活化 ACFA-3 则多出了钙长石和方英石两种新的矿物成分;如图 4.26 所示,在高温活化

条件下,因新晶体的生成,粉煤灰的颜色发生了显著变化。

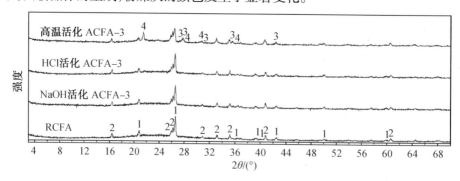

图4.25 RCFA 与三种 ACFA-3 的 XRD 图谱对比
1—石英;2—莫来石;3—钙长石;4—方英石

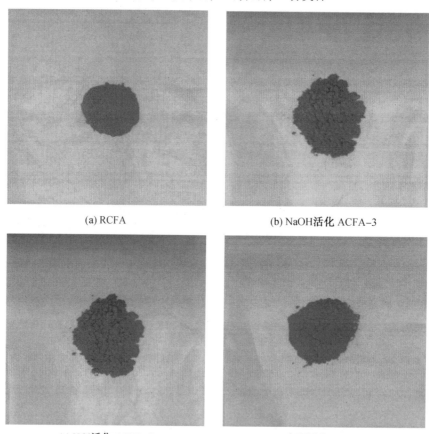

(a) RCFA

(b) NaOH活化 ACFA-3

(c) HCl活化 ACFA-3

(d) 高温活化 ACFA-3

图4.26 RCFA 与三种 ACFA-3 的实物图片对比(彩图见附录)

4.4.2 ACFA-3 的吸附动力学

本小节利用式(4.22)计算三种 ACFA-3 的吸附量(q,μg/g),即

$$q = \frac{V \cdot (C_0 - C)}{W} \tag{4.22}$$

式中　　V—— 废水体积,L;

　　　　C_0—— Cr(Ⅵ) 的初始质量浓度,μg/L;

　　　　C—— 吸附时间为 t min 时 Cr(Ⅵ) 的瞬时质量浓度,μg/L;

　　　　W—— ACFA-3 的投加量,g。

　　本小节采用四种吸附动力学模型,即拟一级吸附动力学模型(式(4.1))、拟二级吸附动力学模型(式(4.2))、Elovich 模型(式(4.23))和内扩散模型(式(4.24))来研究三种 ACFA-3 的吸附量随时间的变化情况;采用阿伦尼乌斯方程式(4.12)计算 Cr(Ⅵ) 的吸附活化能(E),用于判断吸附过程为物理吸附还是化学吸附。

$$q_t = \frac{1}{b}\ln (a \cdot b) + \frac{1}{b}\ln t \tag{4.23}$$

$$q_t = K_3 \cdot \sqrt{t} + C \tag{4.24}$$

式中　　t—— 吸附时间,min;

　　　　q_t—— 吸附时间为 t min 时的吸附量,μg/g;

　　　　q_e—— 吸附时间为 t min 时的平衡吸附量,μg/g;

　　　　K_1—— 拟一级吸附动力学速率常数,1/min;

　　　　K_2—— 拟二级吸附动力学速率常数,g/(μg · min);

　　　　K_3—— 内扩散模型的吸附动力学速率常数,μg/(g · min$^{0.5}$);

　　　　a 和 b——Elovich 模型常数。

　　为了确定最佳吸附动力学方程,在 298 K 下 Cr(Ⅵ) 在三种 ACFA-3 表面的吸附动力学如图 4.27 所示,式(4.1)、式(4.2)、式(4.23)和式(4.24)的线性回归系数见表 4.16。从表 4.16 可以看出,拟二级吸附动力学模型的 R^2 值最大,这表明 Cr(Ⅵ) 的吸附符合拟二级吸附动力学模型。

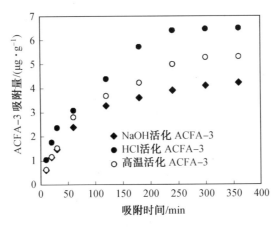

图 4.27　在 298 K 下 Cr(Ⅵ) 在三种 ACFA-3 表面的吸附动力学
(实验条件:$C_{\mathrm{Cr(Ⅵ)}}$ = 100 μg/L,pH = 6.0,ACFA-3 投加量 = 10 g/L)

表 4.16　在 298 K 下利用不同的吸附动力学模型拟合吸附数据时的 R^2 值

拟一级吸附动力学模型			拟二级吸附动力学模型			Elovich 模型			内扩散模型		
1	2	3	1	2	3	1	2	3	1	2	3
0.944 8	0.969 6	0.975 0	0.999 6	0.989 6	0.995 7	0.994 4	0.975 0	0.987 1	0.949 1	0.967 7	0.970 1

注:1 代表 NaOH 活化 ACFA-3;2 代表 HCl 活化 ACFA-3;3 代表高温活化 ACFA-3。

　　在不同温度下(298 K、323 K 和 348 K),利用拟二级吸附动力学模型拟合 Cr(VI)在三种 ACFA-3 表面的吸附数据,实验结果如图 4.28(a)、4.28(b)和 4.28(c)所示;利用阿伦尼乌斯方程式(4.12)拟合 K_2 与吸附温度 T 的线性关系,结果如图 4.28(d)所示,计算得到的参数值列于表 4.17 中。

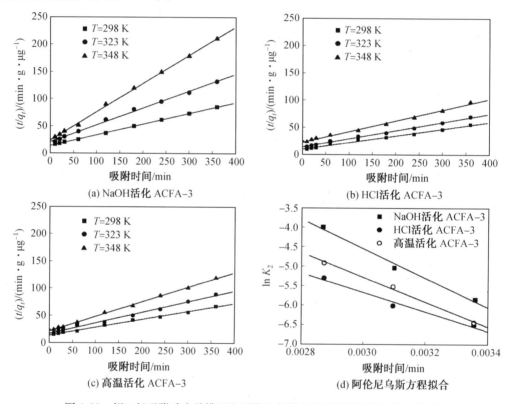

图 4.28　拟二级吸附动力学模型和阿伦尼乌斯方程对吸附数据的拟合结果

表 4.17　Cr(VI)在三种 ACFA-3 表面吸附的拟二级吸附动力学模型参数

温度与参数	吸附剂		
	1	2	3
298/K			
$q_e/(\mu g \cdot g^{-1})$	5.05	8.04	6.85
$K_2/(g \cdot (\mu g \cdot min)^{-1})$	2.86×10^{-3}	1.49×10^{-3}	1.59×10^{-3}
323/K			

续表 4.17

温度与参数	吸附剂		
	1	2	3
$q_e /(\mu g \cdot g^{-1})$	3.22	6.61	5.13
$K_2 /(g \cdot (\mu g \cdot min)^{-1})$	6.47×10^{-3}	2.45×10^{-3}	3.98×10^{-3}
348/K			
$q_e /(\mu g \cdot g^{-1})$	1.92	5.03	3.72
$K_2 /(g \cdot (\mu g \cdot min)^{-1})$	18.33×10^{-3}	4.97×10^{-3}	7.31×10^{-3}
$E_a /(kJ \cdot mol^{-1})$	31.88	20.65	26.17

注:1 代表 NaOH 活化 ACFA-3;2 代表 HCl 活化 ACFA-3;3 代表高温活化 ACFA-3。

从表 4.17 可以看出,HCl 活化 ACFA-3 在三种吸附剂中具备最大的 q_e 值,表明其吸附性最佳;另外,三种 ACFA-3 对 Cr(Ⅵ) 的吸附活化能在 20.65~31.88 kJ/mol 之间,表明吸附过程属于物理吸附(化学吸附活化能 > 83.0 kJ/mol)。

4.4.3　ACFA-3 的吸附热力学

在吸附热力学研究中,常使用三种热力学模型对吸附数据进行拟合,即 Langmuir 模型、Freundlich 模型和 Temkin 模型,并判断出最佳拟合模型,具体方程分别如式(4.13)、式(4.14)和式(4.25)所示。在确定最佳吸附热力学模型后,可进一步根据式(4.15)和式(4.16)中的参数判断吸附过程的自发性。

$$q_e = \frac{R \cdot T}{m} \cdot \ln K_T + \frac{R \cdot T}{m} \cdot \ln C_e \tag{4.25}$$

式中　C_e——Cr(Ⅵ) 在 ACFA-3 表面的平衡质量浓度,$\mu g/L$;

q_s——Cr(Ⅵ) 在 ACFA-3 表面的饱和吸附量,$\mu g/g$;

m 和 n——经验常数;

K_L——Langmuir 模型的平衡吸附常数,$L/\mu g$;

K_F——Freundlich 模型的平衡吸附常数,$\mu g/g$;

K_T——Temkin 模型的平衡吸附常数,$\mu g/L$。

在 298 K 下,Cr(Ⅵ)在三种 ACFA-3 表面的吸附平衡数据如图 4.29 所示,拟合结果见表 4.18。从表 4.18 可以看出,Langmuir 模型对吸附数据拟合的 R^2 值最大,表明吸附过程更符合 Langmuir 模型,即吸附过程为单分子层吸附。因此,本小节采用 Langmuir 模型分析不同温度下(298 K、323 K 和 348K)的 Cr(Ⅵ)在三种 ACFA-3 表面的吸附行为,结果如图 4.30(a)~(c)所示,$\ln K_L$ 与 $\frac{1}{T}$ 之间的线性关系如图 4.30(d)所示,计算得到的相关参数见表 4.19。从表 4.19 可以看出,ΔG^θ 为负值,表明吸附过程为自发过程;ΔH^θ 为负值,表明吸附过程为放热过程,即降低温度有助于吸附的进行;ΔS^θ 为正值,表明吸附体系趋于混乱,Cr(Ⅵ)频繁在三种吸附剂表面发生吸附与解吸。

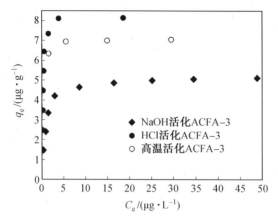

图 4.29　在 298 K 时 Cr(Ⅵ)在三种 ACFA-3 表面吸附的热力学曲线

（实验条件：pH = 6.0,ACFA-3 投加量 = 10 g/L,

Cr(Ⅵ)初始质量浓度 = 15 μg/L,25 μg/L,35 μg/L,

45 μg/L,55 μg/L,65 μg/L,75 μg/L,85 μg/L,100 μg/L)

表 4.18　在 298 K 时不同吸附热力学模型拟合中 R^2 的对比

Langmuir 模型			Freundlich 模型			Temkin 模型		
1	2	3	1	2	3	1	2	3
0.996 8	0.995 9	0.996 0	0.966 0	0.936 1	0.946 2	0.987 5	0.974 7	0.994 8

注:1 代表 NaOH 活化 ACFA-3;2 代表 HCl 活化 ACFA-3;3 代表高温活化 ACFA-3。

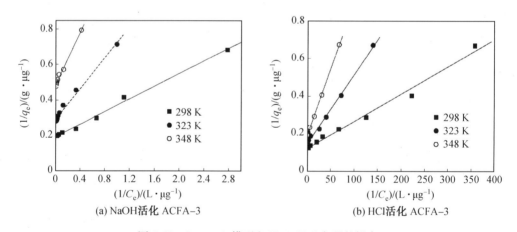

图 4.30　Langmuir 模型和 Van't Hoff 方程的拟合

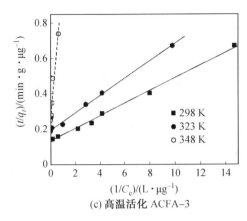

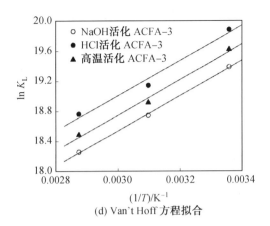

(c) 高温活化 ACFA-3　　　　　　　(d) Van`t Hoff 方程拟合

续图 4.30

表 4.19　Cr(Ⅵ)在三种 ACFA-3 表面吸附的 Langmuir 模型参数

| 吸附剂 | T/K | Langmuir 模型 | | ΔG^{θ} /(kJ·mol^{-1}) | ΔH^{θ} /(kJ·mol^{-1}) | ΔS^{θ} /(kJ·(mol·K)$^{-1}$) |
		q_s/(μg·g^{-1})	K_L/(L·μg^{-1})			
1	298	5.20	2.64×10^8	−48.02		
	323	3.44	1.39×10^8	−50.41	−19.53	0.096
	348	2.08	0.85×10^8	−52.80		
2	298	8.24	4.35×10^8	−49.18		
	323	6.79	2.07×10^8	−51.67	−19.51	0.100
	348	5.15	1.41×10^8	−54.16		
3	298	7.01	3.33×10^8	−48.56		
	323	5.21	1.65×10^8	−50.98	−19.68	0.097
	348	3.95	1.07×10^8	−53.40		

注:1 代表 NaOH 活化 ACFA-3;2 代表 HCl 活化 ACFA-3;3 代表高温活化 ACFA-3。

4.4.4　三种 ACFA-3 的稳定性研究

从降低废水处理成本和节约资源角度分析,考查吸附饱和吸附剂的再生性能是必要的。本小节所采用的吸附剂再生率利用式(4.17)进行计算。吸附饱和的 HCl 活化 ACFA-3 的再生性能测试结果如图 4.31 所示。从图 4.31(a)可以看出,NaOH 再生液的再生效果最好,当再生时间控制在 3 h 范围内时,HCl 活化 ACFA-3 的第一次再生率(RR_1)逐渐增大,从 80.5% 增大到 99.4%。相对比而言,在 HCl 再生液和超纯水中 HCl 活化 ACFA-3 的 RR_1 则很低,表明 Cr(Ⅵ)在 HCl 活化 ACFA-3 表面的物理吸附在酸性和中性条件下是稳定的。从图 4.31(b)可以看出,HCl 活化 ACFA-3 的吸附量随着使用次数的增加不断降低。然而,在使用 7 次后,再生率仍在 90% 以上,这表明 HCl 活化 ACFA-3 较为稳定,其稳定性可与其他合成的吸附剂具备一定的可比性。

类似地,吸附饱和的 NaOH 活化 ACFA-3 和高温活化 ACFA-3 的 NaOH 再生性能测

试结果如图 4.32 所示。从图 4.32 可以看出,NaOH 活化 ACFA-3 和高温活化 ACFA-3
的吸附量也随着使用次数的增加而逐渐降低,但在保证再生率为90%的条件下,它们分
别可重复使用5次和4次,这表明这两种 ACFA-3 的稳定性较 HCl 活化 ACFA-3 的稳定
性稍弱。

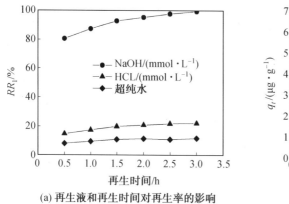

(a) 再生液和再生时间对再生率的影响

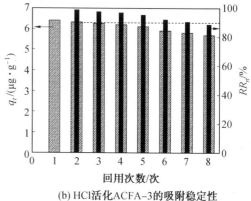

(b) HCl活化ACFA-3的吸附稳定性

图 4.31　吸附饱和的 HCl 活化 ACFA-3 的再生性能
(实验条件:$C_{Cr(VI)}$=100 μg/L,pH=6.0,ACFA-3 投加量=10 g/L,T=298 K,吸附时间=240 min)

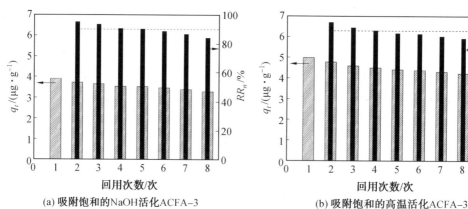

(a) 吸附饱和的NaOH活化ACFA-3

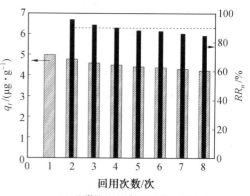

(b) 吸附饱和的高温活化ACFA-3

图 4.32　S-ACFA-3 的再生性能
(实验条件:$C_{Cr(VI)}$=100 μg/L,pH=6.0,ACFA-3 投加量=10 g/L,T=298 K,吸附时间=240 min)

4.4.5　三种 ACFA-3 的浸出性研究

欧洲标准《废弃物表征.浸析.颗粒废弃物和污泥浸析一致性试验.第 2 部分:粒径小
于 4 mm 的材料在液体、固体比为 10 L/kg 的一级分批试验(有或无粒径缩减)》(EN
12457-2:2002)和美国标准《浸出毒性浸出方法(TCLP 法)》(US EPA 1333)常用来测试
材料的浸出性能,但由于这两种标准所采用的浸出方法不同,且常与实际浸出条件存在偏
差,导致两种标准对同一种材料得到的测试结果不同,且常与实际浸出情况不符。在本小
节中,直接在 Cr(VI)溶液中考查 ACFA-3 的浸出性能,测定结果见 4.20。从表 4.20 可以
看出,除 Na 外,其他元素具备相同的浸出趋势,即高温活化 ACFA-3 中元素的浸出量最

大,HCl 活化 ACFA-3 的浸出量次之,NaOH 活化 ACFA-3 的浸出量最低。

表 4.20　新制备的 ACFA-3 在 Cr(Ⅵ)溶液中的浸出质量浓度　　　　　　mg/L

元素名称	Fe	Ce	Pb	Ni	Cu	Zn	As	Mn	Na
NaOH 活化 ACFA-3	0.271	0.032	0.011	0.037	0.027	0.282	0.029	0.184	0.841
HCl 活化 ACFA-3	0.615	0.082	0.037	0.061	0.048	0.320	0.052	0.271	0.352
高温活化 ACFA-3	0.742	0.084	0.041	0.083	0.052	0.391	0.071	0.287	0.543

如图 4.24(b)所示,NaOH 活化 ACFA-3 表面覆盖一层蜡状物,这将 ACFA-3 表面的各种元素与外界隔绝开来,降低了粉煤灰表面各种元素的浸出性。如图 4.24(d)所示,在高温活化 ACFA-3 的制备过程中,RCFA 并未接触任何液相物质,而是直接在高温下焙烧(1 173 K),这导致高温活化粉煤灰表面上元素的质量分数并未降低,可能转化成其他化学形态,这是高温活化 ACFA-3 具备最大浸出量的直接原因。

至于 Na,很显然 NaOH 活化 ACFA-3 表面上 Na 的质量分数最多,HCl 活化 ACFA-3 表面上 Na 的质量分数最少,而高温活化 ACFA-3 表面上 Na 的质量分数与 RCFA 表面 Na 的质量分数最为接近。至于 Cr,在不含 Cr(Ⅵ)的废水中,粉煤灰中的 Cr 可能浸出,而在含有 Cr(Ⅵ)的废水中,浸出情况则要视具体情况而定。如果 Cr(Ⅵ)的初始质量浓度高于平衡质量浓度,则会表现为吸附,反之,则会表现为浸出。

需要注意的是,表 4.20 中各种元素的浸出质量浓度常低于国标《污水综合排放标准》(GB 8978-1996)要求。这说明使用 HCl 活化 ACFA-3 吸附处理 Cr(Ⅵ)废水时,在去除 Cr(Ⅵ)的同时,虽然也会引入其他元素,但其质量浓度均低于国家标准要求,处理水可以直接外排。开发一种能够显著提高 ACFA-3 吸附性,同时极大降低 ACFA-3 浸出性的活化方法将提高 ACFA-3 的工程应用的可行性。

4.4.6　成本分析

在实际应用中,废水的处理费用是必须考虑的问题。本小节研究评估了 HCl 活化粉煤灰吸附处理 Cr(Ⅵ)废水的费用情况,见表 4.21。在最佳活化条件下,HCl 活化 ACFA-3 的制备费用大约为 1 103 $/t,在 ACFA-3 使用 7 次的情况下,Cr(Ⅵ)废水的处理费用大约为 1.60 $/t。

表 4.21　利用 HCl 活化 ACFA-3 吸附处理 Cr(Ⅵ)废水的费用评估

项目	制备 1 t 吸附剂 HCl 的消耗/t	制备 1 t ACFA-3 的费用/$	每吨废水的处理费用/$ (HCl 活化 ACFA-3 投加量=10 g/L)
工业级 37% HCl	4.9	1 078	—
自来水	20.8	25	—
		1 103*	11.03(使用 1 次)
			1.60(使用 7 次)

注:*为在最佳活化条件下,生产 1 t 的 HCl 活化 ACFA-3 所需总费用。

表 4.21 中给出的 HCl 活化 ACFA-3 的制备费用是基于 HCl 浸渍液仅使用一次的情

况,即 HCl 浸渍液在使用一次后便被处理。但在实际制备 ACFA-3 的过程中,HCl 浸渍液中的 HCl 不会被完全消耗,通过过滤后再向其中添加适量新的 HCl 溶液,可以达到重复使用 HCl 浸渍液的目的,从而显著减少 HCl 和水源的消耗,并降低 ACFA-3 的制备费用。另外,HCl 浸渍液的重复使用可以使浸出液中元素的质量浓度不断提高,这样的浸出液可以用于元素的提取。

4.4.7　误差分析

为了使吸附剂能够在合适的吸附反应器中工作,需要精确设计吸附反应器的尺寸。本小节利用五种误差函数,通过非线性误差分析精确计算了拟二级吸附动力学模型和 Langmuir 热力学模型中的参数。采用的误差函数分别为误差平方和(Sum of the Squares of the Errors, SSE)函数、混合分数误差函数(Hybrid Fractional Error Function, HFEF),Marquardt 百分比标准偏差(Marquardt's Percent Standard Deviation, MPSD)函数、平均相对误差(Average Relative Error, ARE)函数和绝对误差之和(Sum of Absolute Errors, SAE)函数。利用 EXCEL 办公软件,通过求取这些误差函数的最小值来计算动力学模型和热力学模型中的参数。

1. SSE 函数

SSE 函数如式(4.26)所示。

$$\sum_{i=1}^{n} \left(Y_{cal} - Y_{mea} \right)_{i}^{2} \tag{4.26}$$

式中　Y_{cal}——ACFA-3 对 Cr(VI)的理论吸附量,其值等于 q_t(或 q_e);

Y_{mea}—— 根据实验数据,利用式(4.22)得出的计算值,其值等于动力学模型中 t min 时的吸附量或热力学模型中的平衡吸附量。

2. HFEF 函数

HFEF 函数如式(4.27)所示。该函数为 SSE 函数的优化,在低浓度下具备更高的精确性,还额外考虑了实验的自由度($n-p$)。

$$\frac{100}{n-p} \sum_{i=1}^{n} \left(\frac{(Y_{mea} - Y_{cal})^2}{Y_{mea}} \right)_{i} \tag{4.27}$$

式中　n——数据点的个数;

p——参数的个数。

鉴于式(4.2)和式(4.13)都包含 2 个参数(式(4.2):K_2 和 q_e;式(4.13):K_L 和 q_s),此处的 p 等于 2。

3. MPSD 函数

MPSD 函数如式(4.28)所示。该函数在某种程度上类似于几何平均误差分布,它也考虑了实验的自由度($n-p$)。

$$100 \sqrt{\frac{1}{n-p} \sum_{i=1}^{n} \left(\frac{Y_{mea} - Y_{cal}}{Y_{mea}} \right)_{i}^{2}} \tag{4.28}$$

4. ARE 函数

ARE 函数如式(4.29)所示。该函数可在所研究的整个浓度范围内实现分数误差分布的最小化。

$$\frac{100}{n}\sum_{i=1}^{n}\left|\frac{Y_{cal}-Y_{mea}}{Y_{mea}}\right|_i \tag{4.29}$$

5. SAE 函数

SAE 函数如式(4.30)所示,该函数与 SSE 函数较为类似。

$$\sum_{i=1}^{n}\left|Y_{cal}-Y_{mea}\right|_i \tag{4.30}$$

从图4.33(a)和4.33(b)可以直观看出,在利用 HCl 活化 ACFA-3 吸附去除Cr(VI)的过程中,SSE 函数与吸附数据拟合最好,这说明利用 SSE 函数可以更准确地计算拟二级吸附动力学模型和 Langmuir 热力学模型中的参数,误差分析的具体结果见表4.22,SSE函数在 5 个函数中具备最大的 R^2 值。通过数据对比,可以发现利用非线性方法和线性方法计算得到的参数不同,但较为接近,以 q_e 为例,非线性计算结果为 8.06、6.63 和 5.03(表4.22),线性计算结果为 8.04、6.61 和 5.03(表4.17),但利用非线性方法所得的参数更加精确。NaOH 活化 ACFA-3 和高温活化 ACFA-3 的相关数据见表4.23 和表4.24。

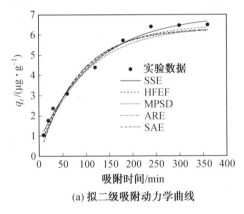
(a) 拟二级吸附动力学曲线

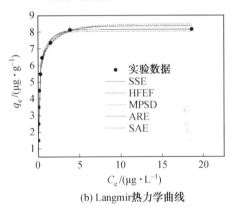
(b) Langmir热力学曲线

图4.33 在 298 K 下,利用 HCl 活化 ACFA-3 吸附处理 Cr(VI)废水时的拟二级吸附动力学曲线和 Langmuir 热力学曲线

表4.22 利用 HCl 活化 ACFA-3 吸附去除废水中 Cr(VI)时,拟二级吸附动力学模型和 Langmuir 热力学模型的误差分析

模型	SSE	HFEF	MPSD	ARE	SAE
拟二级吸附动力学模型					
298/K					
$q_e/(\mu g \cdot g^{-1})$	8.06	7.98	7.90	7.91	8.00
$K_2/(g \cdot (\mu g \cdot min)^{-1})$	1.48×10^{-3}	1.52×10^{-3}	1.450×10^{-3}	1.51×10^{-3}	1.46×10^{-3}
R^2	0.983 1	0.982 0	0.980 3	0.980 5	0.980 9

模型	SSE	HFEF	MPSD	ARE	SAE
323/K					
$q_e /(\mu g \cdot g^{-1})$	6.63	6.66	6.57	6.63	6.64
$K_2 /(g \cdot (\mu g \cdot min)^{-1})$	2.48×10^{-3}	2.49×10^{-3}	2.45×10^{-3}	2.47×10^{-3}	2.44×10^{-3}
R^2	0.987 8	0.987 6	0.985 3	0.986 4	0.983 5
348/K					
$q_e /(\mu g \cdot g^{-1})$	5.03	5.00	5.13	5.17	5.05
$K_2 /(g \cdot (\mu g \cdot min)^{-1})$	4.97×10^{-3}	4.86×10^{-3}	4.96×10^{-3}	4.99×10^{-3}	5.00×10^{-3}
R^2	0.988 2	0.983 7	0.985 8	0.981 2	0.982 9
Langmuir 热力学模型					
298/K					
$q_s /(\mu g \cdot g^{-1})$	8.23	8.23	8.26	8.25	8.24
$K_L /(L \cdot \mu g^{-1})$	4.36×10^8	4.34×10^8	4.35×10^8	4.36×10^8	4.35×10^8
R^2	0.993 1	0.989 8	0.990 1	0.992 5	0.989 9
323/K					
$q_s /(\mu g \cdot g^{-1})$	6.80	6.81	6.78	6.78	6.81
$K_L /(L \cdot \mu g^{-1})$	2.07×10^8	2.09×10^8	2.07×10^8	2.07×10^8	2.07×10^8
R^2	0.996 3	0.989 1	0.991 1	0.993 5	0.988 8
348/K					
$q_s /(\mu g \cdot g^{-1})$	5.15	5.14	5.14	5.16	5.16
$K_L /(L \cdot \mu g^{-1})$	1.42×10^8	1.42×10^8	1.41×10^8	1.41×10^8	1.42×10^8
R^2	0.997 8	0.997 8	0.992 2	0.987 8	0.994 1

表 4.23　利用 NaOH 活化 ACFA-3 吸附去除废水中 Cr(Ⅵ)时,拟二级吸附动力学模型和 Langmuir 热力学模型的误差分析

模型	SSE	HFEF	MPSD	ARE	SAE
拟二级吸附动力学模型					
298/K					
$q_e/(\mu g \cdot g^{-1})$	5.06	5.06	5.05	5.04	5.05
$K_2/(g \cdot (\mu g \cdot min)^{-1})$	2.85×10^{-3}	2.84×10^{-3}	2.88×10^{-3}	2.84×10^{-3}	2.88×10^{-3}
R^2	0.983 6	0.981 2	0.983 6	0.982 1	0.980 9
323/K					
$q_e/(\mu g \cdot g^{-1})$	3.22	3.14	3.26	3.22	3.25
$K_2/(g \cdot (\mu g \cdot min)^{-1})$	6.47×10^{-3}	6.47×10^{-3}	6.48×10^{-3}	6.47×10^{-3}	6.48×10^{-3}
R^2	0.992 4	0.989 6	0.985 7	0.991 1	0.989 1
348/K					
$q_e/(\mu g \cdot g^{-1})$	1.92	1.92	1.92	1.92	1.92
$K_2/(g \cdot (\mu g \cdot min)^{-1})$	18.34×10^{-3}	18.30×10^{-3}	18.35×10^{-3}	18.33×10^{-3}	18.40×10^{-3}
R^2	0.997 7	0.997 1	0.992 1	0.994 2	0.995 2
Langmuir 热力学模型					
298/K					
$q_s/(\mu g \cdot g^{-1})$	5.21	5.19	5.20	5.22	5.22
$K_L/(L \cdot \mu g^{-1})$	2.64×10^8	2.64×10^8	2.65×10^8	2.64×10^8	2.64×10^8
R^2	0.988 4	0.988 4	0.987 9	0.985 1	0.987 3
323/K					
$q_s/(\mu g \cdot g^{-1})$	3.41	3.44	3.51	3.40	3.38
$K_L/(L \cdot \mu g^{-1})$	1.39×10^8	1.39×10^8	1.39×10^8	1.39×10^8	1.39×10^8
R^2	0.995 6	0.996 8	0.993 1	0.991 1	0.991 6
348/K					
$q_s/(\mu g \cdot g^{-1})$	2.08	2.09	2.09	2.08	2.09
$K_L/(L \cdot \mu g^{-1})$	0.86×10^8	0.86×10^8	0.86×10^8	0.86×10^8	0.86×10^8
R^2	0.988 2	0.984 6	0.986 5	0.981 6	0.981 2

表 4.24　利用高温活化 ACFA-3 吸附去除废水中 Cr(Ⅵ)时,拟二级吸附动力学模型和 Langmuir 热力学模型的误差分析

模型	SSE	HFEF	MPSD	ARE	SAE
拟二级吸附动力学模型					
298/K					
$q_e/(\mu g \cdot g^{-1})$	6.84	6.84	6.84	6.87	6.79
$K_2/(g \cdot (\mu g \cdot min)^{-1})$	1.59×10^{-3}	1.60×10^{-3}	1.59×10^{-3}	1.59×10^{-3}	1.60×10^{-3}
R^2	0.987 5	0.986 5	0.986 5	0.983 3	0.987 4
323/K					
$q_e/(\mu g \cdot g^{-1})$	5.14	5.13	5.14	5.14	5.13
$K_2/(g \cdot (\mu g \cdot min)^{-1})$	3.98×10^{-3}	3.99×10^{-3}	3.99×10^{-3}	3.97×10^{-3}	3.99×10^{-3}
R^2	0.990 1	0.989 8	0.985 1	0.990 1	0.987 1
348/K					
$q_e/(\mu g \cdot g^{-1})$	3.72	3.73	3.73	3.69	3.75
$K_2/(g \cdot (\mu g \cdot min)^{-1})$	7.31×10^{-3}	7.31×10^{-3}	7.32×10^{-3}	7.30×10^{-3}	7.31×10^{-3}
R^2	0.996 1	0.991 2	0.996 1	0.988 4	0.990 8
Langmuir 热力学模型					
298/K					
$q_s/(\mu g \cdot g^{-1})$	7.02	7.02	7.00	7.01	7.02
$K_L/(L \cdot \mu g^{-1})$	3.33×10^{8}	3.34×10^{8}	3.34×10^{8}	3.34×10^{8}	3.33×10^{8}
R^2	0.988 0	0.981 5	0.9831 0	0.984 0	0.985 1
323/K					
$q_s/(\mu g \cdot g^{-1})$	5.22	5.22	5.22	5.20	5.21
$K_L/(L \cdot \mu g^{-1})$	1.65×10^{8}	1.67×10^{8}	1.67×10^{8}	1.65×10^{8}	1.65×10^{8}
R^2	0.995 4	0.991 3	0.991 3	0.994 4	0.995 4
348/K					
$q_s/(\mu g \cdot g^{-1})$	3.96	3.96	3.95	3.96	3.96
$K_L/(L \cdot \mu g^{-1})$	1.07×10^{8}	1.07×10^{8}	1.08×10^{8}	1.07×10^{8}	1.08×10^{8}
R^2	0.995 9	0.991 2	0.997 1	0.991 9	0.993 2

第5章 粉煤灰基类 Fenton 催化剂
在有机废水处理中的应用研究

高级氧化法是一类高效的有机废水处理方法,生成的·OH(标准氧化电位 = 2.80 V)对有机污染物具有很强的氧化降解能力,有机污染物分子可以被·OH 氧化成更小的有机物,甚至被完全矿化成 CO_2 和 H_2O。许多依靠生成的·OH 氧化降解有机污染物的方法均属于高级氧化范畴,如 Fenton、类 Fenton、O_3/H_2O_2、UV/H_2O_2、UV/TiO_2 和 UV/ZnO;另外,一些物理场也常用于强化这些高级氧化法,如超声、微波、电场和光场。

Fenton 是一种常见的高级氧化法,该方法以 Fe^{2+} 为催化剂,H_2O_2 为氧化剂。Fenton 体系生成·OH 的机理如式(4.8)所示。Fenton 体系依靠氧化性强、操作简单、环境友好等特点受到人们的普遍关注。但它却存在最佳 pH 范围窄(≈3.0)、产生的大量含铁污泥和催化剂难以回收等问题。研究人员对 Fenton 进行了大量的改进工作,最典型的做法是用非均相催化剂替代 Fe^{2+},与 H_2O_2 组合形成一种新的类 Fenton 体系。

本章前四节以不同来源的粉煤灰为样本,分别采用硝酸活化或硫酸活化的方式激发粉煤灰潜在的类 Fenton 催化性能,本章第五节考查了粉煤灰原灰的类 Fenton 催化性能。本章的五个研究涉及超声强化、微波强化和微波预强化。另外,本章的五个研究除了使用模拟废水外,还使用了含聚污水作为目标污染物。

5.1 硝酸活化粉煤灰催化类 Fenton 降解废水中 PNP

本节研究以硝酸活化粉煤灰(CFAC-1)为类 Fenton 催化剂,与 H_2O_2 组成类 Fenton 体系,降解模拟废水 PNP。本节研究内容包括活化酸的选择与 CFAC-1 的表征、CFAC-1 的吸附与催化性能研究、CFAC-1 表面浸出的 Fe 的均相催化作用及 CFAC-1 的催化稳定性探讨、PNP 的降解动力学与 CFAC-1 的催化机理。

5.1.1 活化酸的选择及活化粉煤灰的表征

1. 粉煤灰活化酸种类的选取

粉煤灰的酸活化过程可以使用各种酸。本实验为了确定最好的活化酸,选取 HNO_3、HCl、H_2SO_4 和 H_3PO_4 分别对 RCFA 进行酸活化,制备酸活化粉煤灰类 Fenton 催化剂,并用于催化类 Fenton 体系处理 PNP 废水,从而测试酸活化效果。废水处理具体条件为:T = 298 K,pH = 2.0,$C_{H_2O_2}$ = 333 mg/L,CFAC-1 投加量 = 10 g/L,V_{PNP} = 100 mL,搅拌均匀,处理时间 = 40 min。实验结果见表 5.1,从表中可以看出,通过 HNO_3 活化后的粉煤灰催化性能最佳,HCl 次之,H_2SO_4 第三,H_3PO_4 最差,故本研究后续实验均选取 HNO_3 活化粉煤灰为研究对象。

表5.1 不同活化酸制备的 CFAC-1 催化类 Fenton 体系对 PNP 的去除效果

活化酸名称	PNP 去除率/%
HNO_3	96.6
HCl	91.4
H_2SO_4	90.4
H_3PO_4	87.9

2. CFAC-1 和 RCFA 的表面形貌和物化性质

CFAC-1 和 RCFA 的物化性质见表 5.2。CFAC-1 和 RCFA 的主要化学成分均为 SiO_2、CaO、Al_2O_3、Fe_2O_3 和烧失量等。在 RCFA 中,SiO_2、Al_2O_3 和 Fe_2O_3 的质量分数之和大于 70%,根据《用作混凝土矿物掺合料的粉煤灰和生的或煅烧的天然火山灰的标准规范》(ASTM C618-2001),可将 RCFA 归类为 F 类灰;在 CFAC-1 中,SiO_2 和 Fe_2O_3 的质量分数均比 RCFA 中大,而 CaO 和 Al_2O_3 的质量分数则相对较小。在 Fenton 反应中,铁元素投加量和 pH 均对反应有重要影响,因此类 Fenton 催化剂表面较大质量分数的 Fe_2O_3、较小质量分数的 CaO 和较低的 pH 也会对类 Fenton 反应有促进作用。

关于粒径分布,CFAC-1 和 RCFA 的最大颗粒均不超过 150 μm。在 CFAC-1 样品中,粒径较大部分(105~150 μm)比 RCFA 中的多,而粒径较小部分(<105 μm)则相对较少,即 CFAC-1 的平均粒径要比 RCFA 大,表明 CFAC-1 具有更好的沉淀和分离性能;CFAC-1 的比表面积和孔体积也都比 RCFA 的大,而平均孔径则相对较小。从图 5.1 中也可以直观看出,CFAC-1 和 RCFA 虽然均为块状,但 CFAC-1 与 RCFA 相比较具有更多、更细的颗粒,同时也具有更多的孔隙,因此比表面积和孔体积要比 RCFA 大;另外,由于 RCFA 的孔隙数量比较少,同时孔隙又比较大,因此其平均孔径要更大些。总体来看,CFAC-1 比 RCFA 具有更好的吸附和催化性能。

表5.2 CFAC-1 和 RCFA 物化性质的对比

主要化学成分及质量分数/%						
样品名称	SiO_2	CaO	Al_2O_3	Fe_2O_3	烧失量*	CO_2
CFAC-1	73.60	1.64	8.66	5.73	5.47	2.57
RCFA	57.40	10.30	9.76	4.92	8.15	3.57

其他化学成分及质量分数/‰							
样品名称	SO_3	MgO	K_2O	P_2O_5	Na_2O	SrO	ZrO_2	ZnO
CFAC-1	1.42	6.90	10.60	1.13	2.93	0.274	0.397	0.055 8
RCFA	26.90	12.70	8.94	5.44	3.41	1.01	0.331	0.079 2

续表5.2

	物理性质			
样品名称	BET 比表面积 /（m² · g⁻¹）	孔体积/（μL · g⁻¹）	平均孔径/nm	pH**
CFAC-1	29.99	68.02	9.07	4.19
RCFA	11.91	61.65	20.71	9.30
	粒径分布			
粒径范围/μm		150~125　125~105	105~97	97~88　<88
各个粒径范围内颗粒 的质量分数/%	CFAC-1	19.78　51.69	12.49	1.78　14.27
	RCFA	4.03　20.74	33.54	10.10　31.59

注：* 为在焙烧温度 = 1 073 K，焙烧时间 = 24 h 下的测定值；** 为将 1 g 的 CFAC-1 与 100 mL 去离子水混合，持续均匀搅拌 10 h 后沉淀，用 pH 计测定所得值。

（a) RCFA　　　　　　　　　（b) CFAC-1

图 5.1　RCFA 和 CFAC-1 的 SEM 图对比

5.1.2　CFAC-1 的吸附性

在多相类 Fenton 催化反应中，CFAC-1 对 PNP 具有一定的吸附效果，为了考查 CFAC-1 吸附 PNP 量在总的 PNP 去除率中所占比重，本实验进行了 CFAC-1 对 PNP 的吸附性研究。在反应温度为 298 K，反应时间为 60 min（在 60 min 时，吸附已达平衡），pH = 2.0，CFAC-1 投加量 = 10 g/L，V_{PNP} = 100 mL，C_{PNP} = 1 mg/L、3 mg/L、7 mg/L、10 mg/L、15 mg/L、20 mg/L、30 mg/L、40 mg/L、50 mg/L、60 mg/L、70 mg/L、80 mg/L、90 mg/L 条件下进行实验，并作出吸附平衡曲线，如图 5.2 所示，其中的插图是根据 Langmuir 模型（式（4.15））拟合的直线。由图 5.2 插图得出，粉煤灰饱和吸附量 q_s = 0.296 mg/g，平衡吸附常数 K_L = 0.176 9 L/mg。

由实验结果可知，在没有 H_2O_2 存在条件下，粉煤灰对 PNP 最大吸附为 0.296 mg/g。当反应条件为 C_{PNP} = 100 mg/L，V_{PNP} = 100 mL，CFAC-1 投加量为 1 g/L 时，则 CFAC-1 对 PNP 最大吸附量为 0.296 mg/g，占 PNP 投加总量的 2.96%，远远小于 H_2O_2 存在条件下的 PNP 的总去除率（反应时间为 40 min，pH = 2.0，95.0% 以上）。而实际上，随着反应时间的延长，反应体系中 PNP 的质量浓度也在不断降低，则 CFAC-1 对 PNP 的实际吸附量所占总去除量的比例也要小于 2.96% ,故催化反应过程中,CFAC-1 对 PNP 的吸附量可以忽略不计。

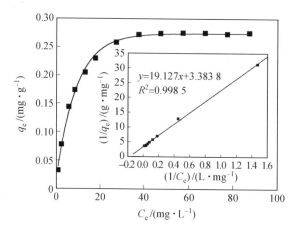

图 5.2　PNP 在 CFAC-1 表面吸附等温线

(实验条件:$T=298$ K,$t=60$ min,pH=2.0,CFAC-1 投加量=10 g/L,$V_{PNP}=100$ mL)

5.1.3　CFAC-1 催化性能的影响因素研究及优化

1. 反应时间的影响

本实验考查了 70 min 内 CFAC-1 的催化效果。在 $T=298$ K,pH=2.0,$C_{H_2O_2}=166.5$ mg/L,$C_{PNP}=100$ mg/L,粉煤灰投加量为 10 g/L 条件下,考查一定反应时间后 PNP 的去除率。实验结果如图 5.3 所示,粉煤灰催化 H_2O_2 氧化 PNP 反应比较迅速,在 40 min 时就可以达到很好的效果,PNP 去除率为 97.7% ;在 60 min 时,PNP 去除率为 98.8% ,之后处理效果变化不显著,故后续实验反应时间选取 60 min。

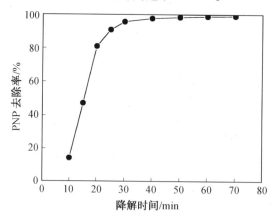

图 5.3　反应时间的影响

(实验条件:$T=298$ K,pH=2.0,$C_{H_2O_2}=166.5$ mg/L,$C_{PNP}=100$ mg/L,CFAC-1 投加量=10 g/L)

2. H_2O_2 投加量的影响

一些研究中使用针铁矿或磁铁矿进行了 Fenton、均相类 Fenton、多相类 Fenton 实验，结果表明，当 H_2O_2 质量浓度过高时，有机化合物的降解效果并没有因此得到显著提高，这是因为·OH 会和 H_2O_2 发生反应：$H_2O_2 + \cdot OH \rightarrow H_2O + \cdot HO_2$，从而降低了 H_2O_2 利用率。为了得到较高的 H_2O_2 利用率，本实验采用了质量浓度较低的 H_2O_2，即将 100 mg/L 的 PNP 完全无机化所需理论量的 25% ~ 125%。

分别向 100 mL、100 mg/L PNP 废水中投加 25 μL、50 μL、75 μL、100 μL、125 μL 的 H_2O_2（质量分数 30%），即 H_2O_2 质量浓度分别为 83.25 mg/L、166.5 mg/L、249.75 mg/L、333 mg/L 及 416.25 mg/L，考查在 pH = 2.0，$t = 60$ min，粉煤灰投加量为 10 g/L，$T = 298$ K 条件下，这一系列质量浓度的 H_2O_2 对粉煤灰催化 H_2O_2 氧化 PNP 的去除率的影响。由图 5.4 可知，随 H_2O_2 质量浓度的增大，PNP 去除率增大，当 H_2O_2 质量浓度为 166.5 mg/L 时，PNP 去除率为 98.8%，之后随 H_2O_2 质量浓度增大，PNP 去除率基本保持不变，而且当 H_2O_2 质量浓度为 416.25 mg/L 时，PNP 去除率还有下降的倾向，这是由于随着 H_2O_2 质量浓度的增加，会促进反应 $H_2O_2 + \cdot OH \longrightarrow H_2O + \cdot HO_2$ 向正向进行，从而使·OH 和 H_2O_2 互相损耗。故后续实验选取 H_2O_2 质量浓度为 166.5 mg/L。

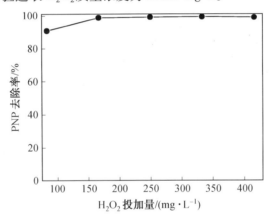

图 5.4　H_2O_2 质量浓度的影响

（实验条件：$T = 298$ K，pH = 2.0，$t = 60$ min，$C_{PNP} = 100$ mg/L，CFAC-1 投加量 = 10 g/L）

3. 粉煤灰投加量的影响

向 100 mL、100 mg/L 的 PNP 废水中分别投加 0.5 g、1.0 g、1.5 g、2.0 g、2.5 g、3.0 g 的粉煤灰催化剂，即 CFAC-1 投加量分别为 5 g/L、10 g/L、15 g/L、20 g/L、25 g/L 和 30 g/L，在 $T = 298$ K，pH = 2.0，$t = 60$ min，$C_{H_2O_2} = 166.5$ mg/L 条件下考查不同粉煤灰投加量对粉煤灰催化性能的影响。由图 5.5 可知，由 5 g/L 增至 10 g/L，粉煤灰对 PNP 的去除率由 95.9% 增大到 98.8%。之后随着粉煤灰投加量的继续增加，PNP 去除率略有波动，此现象由实验误差造成。故选取 10 g/L 的粉煤灰投加量进行后续实验。

4. 反应 pH 的影响

在 Fenton 试剂中，酸性条件对于反应具有积极影响；在类 Fenton 试剂中，具有和

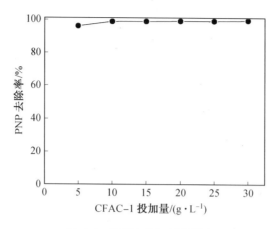

图5.5 粉煤灰投加量的影响

（实验条件：$T=298$ K，$C_{H_2O_2}=166.5$ mg/L，$t=60$ min，$C_{PNP}=100$ mg/L，pH$=2.0$）

Fenton 试剂相似的反应机理，即在酸性条件下类 Fenton 具有较好的催化效果。故本实验选取 pH 范围为 1.0~5.0，分别考查在 1.30、1.50、2.00、2.52、3.00、4.09、5.05 的 pH 条件下粉煤灰对 PNP 的去除率。由图 5.6 可知，在 pH$=2.0$~2.5 的范围内，PNP 去除率较高，达 97.0% 以上。随着 pH 增大或减少，PNP 去除率均迅速下降，在 pH$=5.0$ 时，PNP 去除率仅为 4.3%。故后续实验选取 pH$=2.0$。

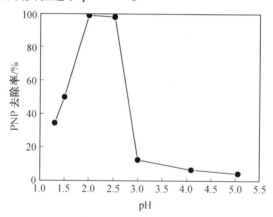

图5.6 反应 pH 的影响

（实验条件：$T=298$ K，$C_{H_2O_2}=166.5$ mg/L，$t=60$ min，$C_{PNP}=100$ mg/L，CFAC-1 投加量$=10$ g/L）

5. 搅拌速度的影响

在 CFAC-1 投加量为 10 g/L，pH$=2.0$，$C_{H_2O_2}=166.5$ mg/L，$t=60$ min 的实验条件下，考查不同搅拌速度对 PNP 去除率的影响。由图 5.7 可知，在搅拌速度为 150 r/min 时，PNP 去除率即可达到 98.0% 以上，之后随着搅拌速度的增加，去除率基本不变。只要将粉煤灰与底物和氧化剂混合均匀，使其充分接触，即可达到较好的去除效果。

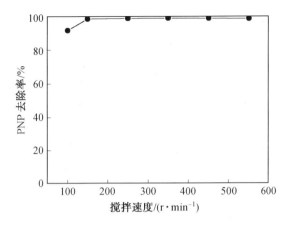

图 5.7 搅拌速度的影响

（实验条件：T = 298 K，pH = 2.0，$C_{H_2O_2}$ = 166.5 mg/L，t = 60 min，C_{PNP} = 100 mg/L，CFAC-1 投加量 = 10 g/L）

5.1.4 Fe 的均相催化作用

在多相类 Fenton 催化过程中，不但存在着 CFAC-1 对 PNP 的吸附作用，还伴随着溶解进入溶液的 Fe^{3+} 与 H_2O_2 反应引起的均相类 Fenton 氧化过程。根据实验结果，在反应过程中，总 Fe、Fe^{2+} 和 Fe^{3+} 的总质量浓度如图 5.8 所示。在图 5.8(a)中，Fe^{3+} 质量浓度呈现波浪式增长，Fe^{2+} 质量浓度则先上升，后下降。浸出的总 Fe 质量浓度也随时间的延长有所升高，这主要是 CFAC-1 催化剂表面的 Fe-PNP 复合物被·OH 氧化，放出 Fe^{3+} 的缘故。浸出的总 Fe 质量浓度与反应时间的关系可用式(5.1)表示（R^2 = 0.997 5）：

$$C_{Fe} = -0.002 \cdot t^2 + 0.248 \cdot t \tag{5.1}$$

式中　C_{Fe}——浸出 Fe 离子的瞬时质量浓度，mg/L。

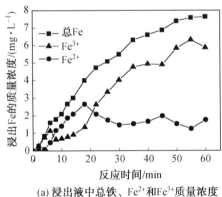

(a) 浸出液中总铁、Fe^{2+} 和 Fe^{3+} 质量浓度变化动力学

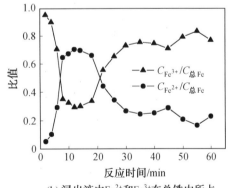

(b) 浸出液中 Fe^{2+} 和 Fe^{3+} 在总铁中所占比例随时间变化动力学

图 5.8 不同时间浸出 Fe 元素质量浓度及 Fe^{2+} 和 Fe^{3+} 占总 Fe 的比例

（实验条件：C_{PNP} = 100 mg/L，$C_{H_2O_2}$ = 166.5 mg/L，CFAC-1 投加量 = 10 g/L，T = 298 K，pH = 2.0）

Fe^{2+} 和 Fe^{3+} 质量浓度在总 Fe 质量浓度中所占的比例如图 5.8(b)所示。曲线形状与在均相类 Fenton 反应中 Fe^{2+} 和 Fe^{3+} 的内部转化相似，结果表明 Fe^{3+} 首先由 CFAC-1 表面

浸出到溶液中,随后浸出的 Fe^{3+} 被 H_2O_2 转化成 Fe^{2+},一直到 Fe^{2+} 达到最大值,紧接着 Fe^{2+} 又被 H_2O_2 转化为 Fe^{3+}。

为了考查在多相类 Fenton 催化反应中,均相催化反应对 PNP 去除率的影响,研究人员进行了空白实验。在此实验中,用 Fe^{3+}($Fe_2(SO_4)_3$)取代 CFAC-1,在不同时间点逐渐加到反应体系中,实验结果如图 5.9 所示。均相催化反应中,PNP 的去除率随着反应时间的延长缓慢增加,反应时间为 30 min 时,PNP 去除率仅为 2.8%。这与多相催化反应中,在 30 min 时,PNP 去除率为 94.4% 相比相差甚远。因此,伴随着多相催化反应的均相催化反应对 PNP 的去除贡献很小。

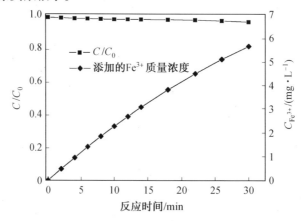

图 5.9　不同时间溶液中 Fe^{3+} 投加量及 PNP 质量浓度
(实验条件:$C_{PNP}=100$ mg/L,$C_{H_2O_2}=166.5$ mg/L,CFAC-1 投加量=10 g/L,$T=298$ K,pH=2.0)

5.1.5　催化剂的稳定性

催化剂的催化稳定性影响着催化剂能否付诸工业应用。在不同 pH 下,CFAC-1 催化类 Fenton 体系中 Fe 的浸出情况如图 5.10 所示。从图 5.10 可以看出,CFAC-1 多相类 Fenton 催化氧化过程伴随着 Fe 的流失。

本实验进行了两组重复利用实验。在这两组重复实验中,pH 和 H_2O_2 投加量是相同的,变化的是反应时间和 CFAC-1 投加量。在重复利用实验 1 中,反应时间为 60 min,CFAC-1 投加量为 10 g/L;重复利用实验 2 中,反应时间为 20 min,CFAC-1 投加量为 20 g/L,实验结果如图 5.11 所示。随着回用次数的增加,PNP 的去除率和 Fe 的浸出率都随之降低,这说明随着 Fe 的流失,CFAC-1 的催化活性逐渐降低。对于重复利用实验 1,由于反应时间较长,每次 Fe 的浸出量较多,导致其活性下降的速度较快;在重复利用实验 2 中,由于反应时间比较短,Fe 的浸出量比较少,使得 CFAC-1 的催化活性降低速度较慢。因此,增加 CFAC-1 投加量,减少反应时间,会降低 Fe 的浸出量,从而延长催化剂的使用次数。

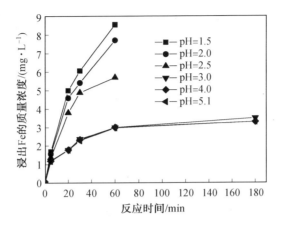

图 5.10　pH 在多相类 Fenton 催化过程中对浸出 Fe 质量浓度的影响
（实验条件：$C_{PNP}=100$ mg/L，$C_{H_2O_2}=166.5$ mg/L，CFAC-1 投加量 = 10 g/L，$T=298$ K）

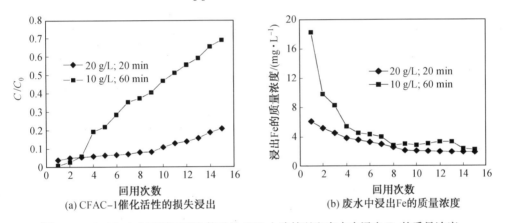

(a) CFAC-1催化活性的损失浸出　　　　　　(b) 废水中浸出 Fe 的质量浓度

图 5.11　CFAC-1 在不同回用次数时的 PNP 去除情况和废水中浸出 Fe 的质量浓度
（实验条件：$C_{PNP}=100$ mg/L，pH=2.0，$C_{H_2O_2}=166.5$ mg/L，$T=298$ K）

5.1.6　PNP 降解动力学特征

本小节通过测定 PNP 质量浓度随时间变化，给出 CFAC-1 催化动力学特征。图 5.12、图 5.13、图 5.14、图 5.15 给出了不同条件下 PNP 质量浓度随反应时间的变化，其中的插图是根据式（5.2）作出的拟一级动力学速率曲线图，曲线斜率 k_1 即为动力学速率常数。根据实验结果，在温和的反应条件下，反应速率明显分为开始的慢速和后来的快速两个阶段，故分别拟合了两阶段的拟一级动力学速率方程。需要注意的是，由于温度的变化对 PNP 降解动力学影响较大，当温度高于 298 K 时，PNP 的浓度随降解时间迅速下降，不再表现出两阶段的拟一级降解动力学特征。两阶段的拟一级降解动力学速率常数 k_{11} 和 k_{12}，见表 5.3。

$$\ln C = -k_1 \cdot t + \ln C_0 \tag{5.2}$$

式中　C_0——有机污染物的初始质量浓度，mg/L；

　　　C——反应时间为 t min 时 PNP 的瞬时浓度，mmol/L；

　　　k_1——拟一级降解动力学速率常数，1/min。

表5.3　不同条件下拟一级降解动力学速率常数

H₂O₂				pH				温度				CFAC-1			
$C_{H_2O_2}$/(mg·L⁻¹)	k_{11}	k_{12}	k_{12}/k_{11}	pH	k_{11}	k_{12}	k_{12}/k_{11}	T/K	k_{11}	k_{12}	k_{12}/k_{11}	投加量/(g·L⁻¹)	k_{11}	k_{12}	k_{12}/k_{11}
333.0	0.055 5	0.167 6	3.0	1.5	0.005 1	0.006 3	1.2	298	0.015 1	0.144 2	9.5	3.5	0.000 6	0.008 8	14.7
166.5	0.015 1	0.155 0	10.3	2.0	0.015 1	0.144 2	9.5	308	—	—	—	5.0	0.002 5	0.024 5	9.8
83.3	0.008 0	0.057 2	7.2	2.5	0.010 1	0.069 9	6.9	323	—	—	—	6.5	0.002 6	0.034 9	13.4
				3.0	0.002 8			348	—	—	—	10.0	0.015 5	0.137 9	8.9
				4.0	0.001 9							20.0	0.053 1	0.235 9	4.4
				5.1	0.001 8										

注：k_{11}、k_{12}单位均为1/min

1. 不同 H_2O_2 质量浓度下的 PNP 降解动力学

从表 5.3 中得出,第一阶段的拟一级降解动力学速率常数 k_{11} 分别为 0.008 0 (1/min)、0.015 1(1/min) 和 0.055 5(1/min)。第二阶段的拟一级降解动力学速率常数 k_{12} 分别为 0.057 2(1/min)、0.155 0(1/min) 和 0.167 6(1/min)。从中可以看出 PNP 的降解速率随 H_2O_2 质量浓度的增加而变大,这从图 5.12 中也可以直观地看出,在 PNP 降解的第二阶段,当 H_2O_2 质量浓度由 166.5 mg/L 增加到 333.0 mg/L 时,速率常数相差不大。H_2O_2 利用率见表 5.4,尽管 COD 去除率随着 H_2O_2 质量浓度的增加而升高,但 H_2O_2 利用率(COD 去除率的实际值与理论值的比值)却在 H_2O_2 质量浓度为 166.5 mg/L 时为最大,333.0 mg/L时为最小。这说明随着 H_2O_2 质量浓度升高,·OH 与 H_2O_2 的反应愈加强烈。

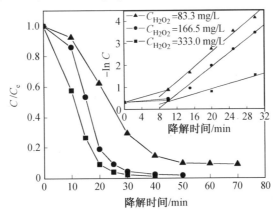

图 5.12　H_2O_2 质量浓度对 PNP 降解动力学行为的影响

(实验条件:C_{PNP} = 100 mg/L,T = 298 K,CFAC-1 投加量 = 10 g/L,pH = 2.0)

表 5.4　COD 去除率和 H_2O_2 利用率

H_2O_2 质量浓度 /(mg·L^{-1})	COD 去除率/%		H_2O_2 利用率/%
	理论值	实际值	
83.3	25	23	92
166.5	50	48	96
333.0	100	62	62

注:实验条件为 C_{PNP} = 100 mg/L,T = 298 K,CFAC-1 投加量 = 10 g/L,pH = 2.0,反应时间 = 60 min。

2. 不同 pH 下的 PNP 降解动力学

研究证实,在 Fenton 和类 Fenton 反应过程中,pH 对·OH 氧化分解有机污染物过程具有重要影响,因此,本小节实验考查了 pH 对 PNP 去除率的影响。见表 5.3,当 pH = 5.1、4.0 和 3.0 时,在 0 ~ 180 min 的范围内,拟一级降解动力学速率常数 k_{11} 分别为 0.001 8(1/min)、0.001 9(1/min) 和 0.002 8(1/min);当 pH = 1.5、2.5 和 2.0 时,k_{11} 分别为 0.005 1(1/min)、0.010 1 (1/min)、0.015 1(1/min),k_{12} 分别为 0.006 3(1/min)、0.069 9(1/min) 和 0.144 2(1/min)。因此,PNP 的去除率按照 pH = 5.1、4.0、3.0、1.5、2.5、2.0 的顺序逐渐增加,这从图 5.13(a) 和图 5.13(b) 也可直观看出;另外,从图

5.13(c)中也可以得出,在 pH 接近中性条件下,反应速率虽然异常缓慢,但当反应时间足够长时,也可以达到令人满意的处理效果。

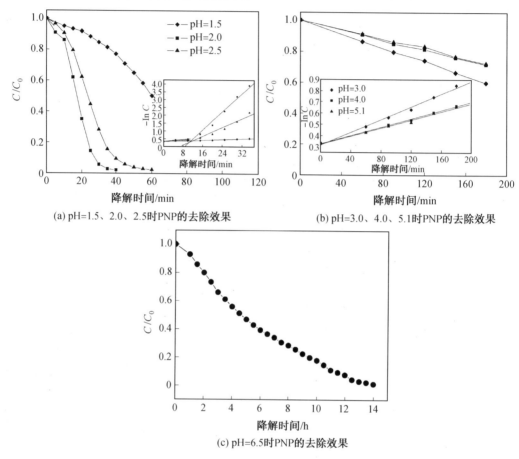

(a) pH=1.5、2.0、2.5时PNP的去除效果

(b) pH=3.0、4.0、5.1时PNP的去除效果

(c) pH=6.5时PNP的去除效果

图5.13 pH 对 PNP 降解动力学行为的影响

（实验条件:$C_{PNP}=100$ mg/L,$C_{H_2O_2}=166.5$ mg/L,CFAC-1 投加量$=10$ g/L,$T=298$ K）

3. 不同温度下的 PNP 降解动力学

本小节实验考查了温度对 PNP 去除率的影响。如图 5.14 所示,随着温度的升高,PNP 的去除率随之变大,这表明升高温度能够有效提高 CFAC-1 的催化活性。当反应温度分别为 348 K、323 K、308 K 和 298 K 时,PNP 去除率分别在 5 min、5 min、15 min、45 min 时达到98.0%。在 348 K 和 328 K 时,PNP 的去除率并没有显著区别,这主要是由于过高的温度会加速 H_2O_2 的热分解,从而减少·OH 的生成量。在实际工程应用中,污染物去除率和能耗之间应达到一个较好的平衡,故本实验将最佳反应废水处理温度定为 308 K。

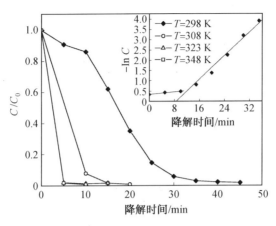

图 5.14　温度对 PNP 降解动力学行为的影响

（实验条件：$C_{PNP} = 100$ mg/L，pH = 2.0，$C_{H_2O_2} = 166.5$ mg/L，CFAC-1 投加量 = 10 g/L）

4. 不同 CFAC-1 投加量下的 PNP 降解动力学

在 Fenton 和均相类 Fenton 反应中，由于没有传质阻力，因此在少量铁离子存在条件下（Fe^{2+} 或 Fe^{3+} 低于 55 mg/L 时）便会取得较好的反应效果，然而，在多相类 Fenton 反应中，则需要更多的 Fe 离子（1.5 ~ 3 g/L）；另外，由于过多的 Fe 离子会与·OH 反应，因此，本实验选取了相当于 Fe 离子投加量 0.14 ~ 0.80 g/L 的 CFAC-1 投加量（3.5 ~ 20 g/L）作为实验条件，PNP 降解动力学速率常数见表 5.3。当 CFAC-1 投加量分别为 3.5 g/L、5.0 g/L、6.5 g/L、10.0 g/L 和 20.0 g/L 时，k_{11} 分别为 0.000 6（1/min）、0.002 5（1/min）、0.002 6（1/min）、0.015 5（1/min）和 0.053 1（1/min）；k_{12} 分别为 0.008 8（1/min）、0.024 5（1/min）、0.034 9（1/min）、0.137 9（1/min）和 0.239 5（1/min）（10 ~ 25 min），因此，随着粉煤灰投加量的增加，催化剂表面可用于 H_2O_2 催化分解和 PNP 吸附的活性点位有所增加，PNP 的去除率也在随之升高，如图 5.15 所示。

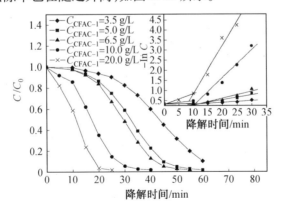

图 5.15　粉煤灰投加量对 PNP 降解动力学行为的影响

（实验条件：$C_{PNP} = 100$ mg/L，$T = 298$ K，pH = 2.0，$C_{H_2O_2} = 166.5$ mg/L）

5.1.7　CFAC-1 催化机理

由上述 CFAC-1 催化动力学可以看出,催化反应存在两个反应阶段,如图 5.12、图 5.13(a)、图 5.14 和图 5.15 所示,第一阶段 PNP 去除率较为缓慢,第二阶段较快。前人的研究也证明了这一点,但是其作用机理却较少发表。一些研究认为第一阶段反应缓慢是由于 CFAC-1 表面催化活性的激活需要一定时间,也有研究认为远离催化剂表面的污染物到达催化剂表面需要一定的传质时间,还有一些研究认为多相类 Fenton 催化反应与均相 Fe^{3+} 催化反应具有相似的反应机理。在本小节中,为了解释 CFAC-1 的催化机理,在 pH=2.0 的条件下,分别进行了 Fe^{2+} 和 Fe^{3+} 均相催化实验。在 CFAC-1 第一次使用后($t=60$ min),溶液中浸出的 Fe 元素总质量浓度为 7.7 mg/L,因此在均相催化实验中,Fe^{2+} 和 Fe^{3+} 投入量均为 7.7 mg/L,实验结果如图 5.16 所示。

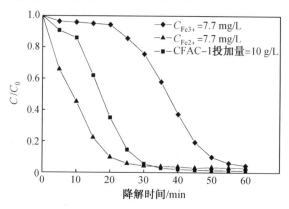

图 5.16　不同催化剂对 PNP 去除率的影响
(实验条件:$C_{PNP}=100$ mg/L,pH=2.0,$C_{H_2O_2}=166.5$ mg/L,$T=298$ K)

从图 5.16 可以看出,Fe^{3+} 均相催化和 CFAC-1 多相催化具有相似的动力学曲线,即开始阶段反应缓慢,接下来反应迅速;而 Fe^{2+} 均相催化反应中,却仅有快速反应阶段,这说明 CFAC-1 多相催化反应与 Fe^{3+} 均相催化反应具有相似的反应机理。

在反应初期,CFAC-1 表面含有的 $\equiv Fe^{III}$ 与 H_2O_2 反应,生成复合物 $Fe^{III}(HO_2)^{2+}$,随后又分解成单分子 $HO_2 \cdot$ 和 $O_2 \cdot$,同时 $\equiv Fe^{III}$ 缓慢地向 $\equiv Fe^{II}$ 转变;另外,由于 $HO_2 \cdot / O_2 \cdot$ 的氧化电位较 $\cdot OH$ 小,因此在反应初期,PNP 去除率比较缓慢。

随着反应的进行,在 CFAC-1 表面,$\equiv Fe^{II}$ 对 H_2O_2 的催化反应逐渐强烈,由于溶液中的 PNP 分子在反应开始阶段就不断吸附在 CFAC-1 活性表面(SS,式(5.3)),催化生成的 $\cdot OH$ 开始不断氧化分解溶液中和被吸附的 PNP 分子,并使其无机化(式(5.4)和式(5.5))。由于 $\equiv Fe^{II}$ 对 H_2O_2 的催化反应率比其他反应的速率大得多,因此会迅速生成大量 $\cdot OH$,在反应后期,PNP 去除率更大。

$$SS + PNP_{溶液} \longrightarrow SS-PNP_{表面} \tag{5.3}$$

$$\cdot OH + SS-PNP_{表面} \longrightarrow SS + PNP\ 副产物_{溶液} \longrightarrow 矿化产物 \tag{5.4}$$

$$\cdot OH + PNP_{溶液} \longrightarrow PNP\ 副产物_{溶液} \longrightarrow 矿化产物 \tag{5.5}$$

5.2　硫酸活化粉煤灰催化类 Fenton 降解废水中 AO7

染料废水含有各种染料,使其色度很大,在感官上使人产生不适,同时这些有机污染物难以被生物降解,直接排放会对自然水体造成严重污染。本节研究以粉煤灰原灰(CFAC-2)为类 Fenton 催化剂,与 H_2O_2 组成类 Fenton 体系,氧化处理 AO7 染料模拟废水。本节研究内容包括 CFAC-2 的表征、AO7 的降解动力学与降解途径和 CFAC-2 的应用性能与催化机理。

5.2.1　CFAC-2 的表征

利用单因素实验考查并优化了 CFAC-2 的制备条件。根据实验结果,CFAC-2 的最佳制备条件为:$C_{H_2SO_4} = 1.3$ mol/L,RCFA 投加量 = 20 g/L,活化时间 = 3 h,搅拌速度 = 300 r/min。CFAC-2 的 BET 和 XRF 表征结果分别见表 5.5 和表 5.6;另外,表 5.5 还给出了一些已发表的典型催化剂的比表面积、孔体积和平均孔径等数据,用于和 CFAC-2 进行对比。

表 5.5　不同催化剂的比表面积、孔体积及平均孔径的对比

名称	比表面积 /($m^2 \cdot g^{-1}$)	孔体积 /($cm^3 \cdot g^{-1}$)	平均孔径 /nm
CFAC-2	24.40	0.059	4.61
Pb-BFO/rGO	84.2±0.01	0.5±0.050	3.30±0.01
nZVI	47.40	0.096	11.30
$Fe_3O_4@Cu$	120.10	0.120	4.08
$rGO/CoFe_2O_4$	34.30	0.080	9.80
ZnO	80.00	—	16.11*

注:* 为最大孔径。

表 5.6　CFAC-2 中典型的氧化物成分及质量分数　　　　%

成分	SiO_2	Al_2O_3	Fe_2O_3	TiO_2	CaO	MgO	Na_2O	K_2O	LOI
质量分数	62.90	16.70	5.10	0.04	6.10	0.81	0.31	0.69	5.75

从表 5.5 可以看出,本研究中的 CFAC-2 在比表面积、孔体积和平均孔径等均较其他催化剂小,这说明 CFAC-2 在吸附方面并不占优势。而从表 5.6 可以看出,CFAC-2 中却含有一定的催化性金属元素,如 Fe_2O_3 的质量分数为 5.1%,说明 CFAC-2 具备一定的催化性能。CFAC-2 的优势在于制备方法简单、制备费用较低、原材料来源广泛。

5.2.2　AO7 的降解动力学

考查有机污染物的降解动力学有助于了解有机污染物的降解规律。当污染物降解行为符合拟一级降解动力学模型时,可利用式(5.2)对数据进行动力学拟合。

1. CFAC-2 投加量的影响

在 4~12 g/L 的投加量范围内,考查了 CFAC-2 投加量对 AO7 去除率的影响,实验结果如图 5.17 和表 5.7 所示。

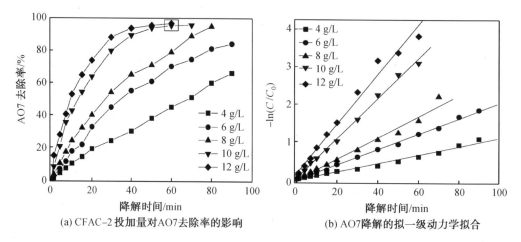

(a) CFAC-2 投加量对 AO7 去除率的影响　　　　(b) AO7 降解的拟一级动力学拟合

图 5.17　CFAC-2 投加量对 AO7 去除率的影响

(实验条件:$C_{AO7}=50$ mg/L,$C_{H_2O_2}=15$ mmol/L,pH=5.5,$T=298$ K)

表 5.7　不同 CFAC-2 投加量下的拟一级降解动力学速率常数

CFAC-2 投加量/$(g \cdot L^{-1})$	4	6	8	10	12
$k_1/(1 \cdot min^{-1})$	0.010 8	0.020 1	0.030 7	0.050 1	0.061 9

从图 5.17(a)可以看出,CFAC-2 投加量为 10 g/L 和 12 g/L 时 AO7 去除率在 50 min 时较为相近(分别为 95.6% 和 93.9%)。综合考虑处理效果和处理费用,确定 10 g/L 为最佳催化剂投加量。从图 5.17(b)可以看出,AO7 的降解符合拟一级降解动力学行为。根据表 5.7,可以看出 AO7 降解速率常数随着催化剂投加量的增加不断增大,从 0.010 8(1/min)增大到 0.061 9(1/min)。因此,从降解速率常数角度分析,在理论上 CFAC-2 投加量越大,废水处理效果会越好。

在实际应用中,CFAC-2 的投加量会显著影响废水的处理费用。见表 5.8,在最佳制备条件下,CFAC-2 的制备费用为 1 276 $/t。当 CFAC-2 使用次数为 6 次时,AO7 废水的处理费用为 2.2 $/t 或 2.6 $/t。

表 5.8 中的 CFAC-2 制备费用是基于每次制备过程均使用新的 H_2SO_4 浸渍液而进行的计算,即每批次 CFAC-2 制备完毕后,认为 H_2SO_4 浸渍液中的 H_2SO_4 被全部消耗掉。但在实际制备过程中,H_2SO_4 浸渍液中的 H_2SO_4 会有剩余,通过向其中添加适量新的 H_2SO_4,可使其重新进入下一轮的制备工序,从而达到循环使用的目的。这样的生产工艺可以在一定程度上降低 H_2SO_4 和水的用量,从而降低 CFAC-2 的制备费用。

表 5.8　以粉煤灰为原料制备 1 t 的 CFAC-2 费用和 AO7 废水处理费用的初步计算

项目	生产 1 t 的 CFAC-2 的消耗/ $	生产 1 t 的 CFAC-2 的消耗/ $	1 t 废水的处理费用** / $	
			CFAC-2 投加量 = 10 g/L	CFAC-2 投加量 = 12 g/L
工业级 98% H_2SO_4	6.4	1 216	—	—
水	50	60	—	—
		1 276*	13（使用 6 次）	15.3（使用 1 次）
			2.2（使用 6 次）	2.6（使用 6 次）

注：*为在最佳制备条件下，生产 1 t 的 CFAC-2 所需总费用；**为未计入 H_2O_2 时的费用。

2. H_2O_2 投加量的影响

H_2O_2 作为类 Fenton 体系中·OH 的来源，对于有机物的降解起关键作用。完全矿化废水中 AO7 的 H_2O_2 理论量计算如式（5.6）所示。从该式可以看出，完全矿化 50 mg/L 的 AO7 所需 H_2O_2 理论浓度为 5.85 mmol/L。

$$C_{16}H_{11}N_2NaO_4S + 41H_2O_2 \longrightarrow 16CO_2 + 46H_2O + NaHSO_4 + 2NO_2 \tag{5.6}$$

显而易见，H_2O_2 投加量低于 5.85 mmol/L 时，无法完全降解 AO7，而也有研究表明，H_2O_2 远远过量会引发副反应（式（4.9））的激烈进行，引起有机污染物去除率的下降。

为了取得更高的 H_2O_2 利用率和更好的废水处理效果，以 5.85 mmol/L 为基础，考查一系列 H_2O_2 浓度下 AO7 的去除效果，如图 5.18 所示。

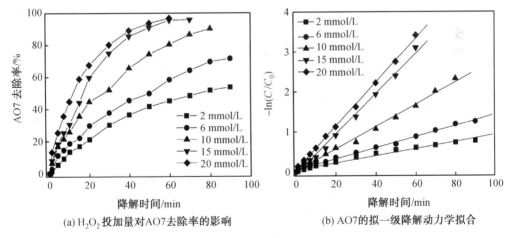

(a) H_2O_2 投加量对 AO7 去除率的影响　　　(b) AO7 的拟一级降解动力学拟合

图 5.18　H_2O_2 投加量对 AO7 去除效果的影响

（实验条件：C_{AO7} = 50 mg/L, pH = 5.5, T = 298 K, CFAC-2 投加量 = 10 g/L）

从图 5.18 可以看出，AO7 的去除率会随着 H_2O_2 浓度的增加而增加。在处理时间为 60 min，H_2O_2 投加量为 15 mmol/L 和 20 mmol/L 时，AO7 的去除率均在 95.0% 以上，而当 H_2O_2 投加量不高于 10 mmol/L 时，AO7 的去除率不高于 81.0%。从表 5.9 可以看出，H_2O_2 投加量为 10 mmol/L 时的降解速率常数显著低于 15 mmol/L 和 20 mmol/L，导致在相同的处理时间内,AO7 的去除量显著降低。

表 5.9　不同 H_2O_2 投加量下的拟一级降解动力学速率常数

H_2O_2投加量/(mmol·L^{-1})	2	6	10	15	20
k_1/(1·min^{-1})	0.009 6	0.014 6	0.028 1	0.050 1	0.056 0

图 5.19 给出了 H_2O_2 利用率(L/mmol)在不同的 H_2O_2 浓度范围时的计算值。当 H_2O_2 的浓度在 $n \sim m$ mmol/L 范围内时,H_2O_2 利用率采用式(5.7)进行计算。

$$H_2O_2\ \text{利用率} = \frac{\eta_{\text{COD},m} - \eta_{\text{COD},n}}{m-n} \tag{5.7}$$

式中　m——H_2O_2 投加量为 m mmol/L;

　　　n——H_2O_2 投加量为 n mmol/L;

　　　$\eta_{\text{COD},m}$——H_2O_2 投加量为 m mmol/L 时的 COD 去除率;

　　　$\eta_{\text{COD},n}$——H_2O_2 投加量为 n mmol/L 时的 COD 去除率;

　　　m——取值为 2、6、10、15 或 20;

　　　n——取值为 0、2、6、10 或 15,且 $m>n$。

从图 5.19 可以看出,随着 H_2O_2 投加量的增加,H_2O_2 利用率在不断下降,这由副反应(4.9)造成的,即添加过量的 H_2O_2 会加速副反应(4.9)的快速进行,加速 H_2O_2 的无效分解。

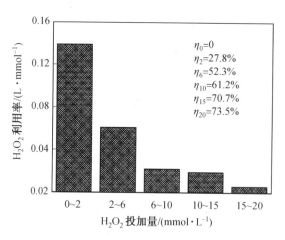

图 5.19　H_2O_2 利用率

3. pH 的影响

pH 对类 Fenton 过程具有显著影响。如图 5.20 所示,AO7 的降解符合拟一级动力学模型,在 pH = 2.5 ~ 5.5 范围内,AO7 的去除率在 92.0% 以上,降解速率常数大于 0.050 0(1/min)(表 5.10)。形成鲜明对比的是,当 pH 升高到 7.0 时,AO7 的去除率显著下降,仅为 21.0% 左右,降解速率常数为 0.004 2(1/min)。

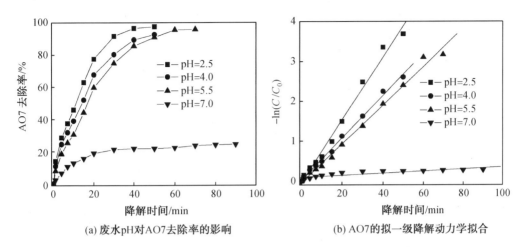

(a) 废水pH对AO7去除率的影响　　　　　(b) AO7的拟一级降解动力学拟合

图 5.20　pH 对 AO7 去除效果的影响

（实验条件：$C_{AO7} = 50$ mg/L，$C_{H_2O_2} = 15$ mmol/L，$T = 298$ K，CFAC-2 投加量 = 10 g/L）

表 5.10　不同 pH 下的拟一级降解动力学速率常数　　　　1/min

pH	2.5	4.0	5.5	7.0
k_1	0.077 4	0.053 7	0.050 1	0.004 2

当 pH 较高时（pH = 7.0），废水中浸出的 Fe 会沉淀并吸附在 CFAC-2 表面，使溶解 Fe 的质量浓度显著降低，这大大降低了·OH 的生成速率；另外，Fe 的沉淀物和粉煤灰表面均具备一定的吸附性。因此，在 pH = 7.0 时，AO7 的去除可能由 CFAC-2 的吸附引起。

4. 废水温度的影响

如图 5.21 所示，AO7 的去除率随着温度的升高而提高，这表明提高废水温度有利于废水的处理。当反应时间为 30 min，废水温度分别为 298 K 和 313 K 时，AO7 去除率分别接近 80.0% 和 90.0%。值得注意的是，当温度提高到 328 K 和 338 K 时，AO7 去除率相差不大（97.1% 和 98.7%），这可能由较高温度下 H_2O_2 的热降解导致，其降低了 H_2O_2 的有效利用率。

AO7 的降解符合拟一级动力学模型（图 5.21（b）），相应的降解速率常数见表 5.11，可利用阿伦尼乌斯方程式（5.8）计算污染物降解表观活化能。式（5.8）中 $\frac{1}{T}$ 与 $\ln k_1$ 的拟合曲线如图 5.22 所示。从图中可以看出，二者具备较好的线性关系（ $R^2 = 0.997\ 5$ ）。根据直线的斜率与截距，可计算得出活化能和指前因子分别为 19.24 kJ/mol 和 120（1/min）。因此，式（5.8）可写为 $k_1 = 120 \cdot e^{-\frac{2\ 314.3}{T}}$。

表 5.11　不同温度下的拟一级动力学速率常数

废水温度/K	298	313	328	338
$k_1/(1 \cdot min^{-1})$	0.050 1	0.075 4	0.104 9	0.125 2

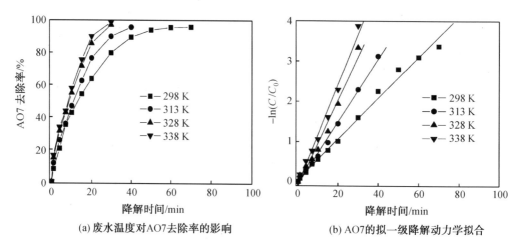

(a) 废水温度对AO7去除率的影响　　　(b) AO7的拟一级降解动力学拟合

图 5.21　废水温度对 AO7 去除效果的影响

（实验条件：$C_{AO7} = 50$ mg/L，$C_{H_2O_2} = 15$ mmol/L，CFAC-2 投加量 = 10 g/L，pH = 5.5）

$$\ln k_1 = \ln A_0 - \frac{E_a}{R \cdot T} \tag{5.8}$$

式中　k_1—— 拟一级降解动力学速率常数，1/min；

E_a—— 污染物降解表观活化能，J/mol；

A_0—— 指前因子，1/min；

R—— 气体常数，8.314 J/(mol·K)；

T—— 热力学温度，K。

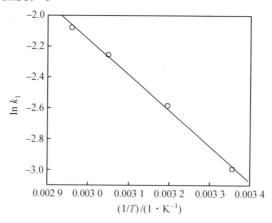

图 5.22　在多相类 Fenton 体系中 AO7 降解的阿伦尼乌斯方程拟合曲线

（实验条件：$C_{H_2O_2} = 15$ mmol/L，CFAC-2 投加量 = 10 mg/L，pH = 5.5，

$C_{AO7} = 50$ mg/L，$T = 298$ K、313 K、328 K、338 K）

见表 5.12，AO7 在·OH 的攻击下降解活化能与其他污染物降解活化能基本在同一数量级，这说明 CFAC-2 催化类 Fenton 体系可用于其他污染物的降解。

表 5.12　Fenton 体系中各种污染物降解活化能的对比

序号	废水	活化能/$(kJ \cdot mol^{-1})$
1	橄榄油加工废水	8.7
2	苯酚废水	30.0
3	染料废水	38.6
4	黄体酮废水	42.0
5	制革废水	44.8
6	全氟磺酸	85.0
7	亚甲基蓝废水	130.8

5.2.3　AO7 的降解途径

考查 AO7 的降解途径对于了解中间产物的毒性至关重要。根据前线轨道理论,有机物的氧化反应总是优先发生在相互重叠最多的轨道上。亲电反应可能发生在具有最大电子密度的最高的已被占据的分子轨道上,而亲核反应可能发生在具有最大电子密度的最低的未被占据的分子轨道上。从理论上讲,由于最高占据分子轨道的电子密度分布相似,因此由 ·OH 氧化引起的 AO7 降解反应常发生在萘环的 C 原子和与苯环成键的 N 原子上。

本小节测试结果表明,在已处理水中可以检测到 AO7 的水解产物(化合物 I),这说明 AO7 并未全部被氧化分解;另外,检测结果也清晰地证明了—N＝N—的断裂及 ·OH 可以打开苯环和萘环,生成脂肪族化合物和羧酸。在化合物 I 的第一个降解步骤中,偶氮键被氢化反应裂解,生成中间体 II。同时,中间体 I 和 II 中的氢原子可被羟基取代,生成中间体 III,即先前介绍的羟基化中间体。

随着中间体 II 中—N—N—的进一步裂解,生成两个中间体(化合物 IV)。随后,在 ·OH 的氧化作用下,化合物 III 和化合物 IV 可进一步生成更多的中间产物(化合物 V,如醌、异吲哚啉—1,3—二酮、萘—1,2,4—三醇、邻苯二酚、萘—1,2—二醇)。最后,中间产物 V 的苯环和萘环发生部分或完全氧化,形成脂肪族化合物、羧酸、CO_2 和 H_2O。根据本小节的测定结果和以前的研究结果,以下给出了 AO7 的降解路径,如图 5.23 所示。

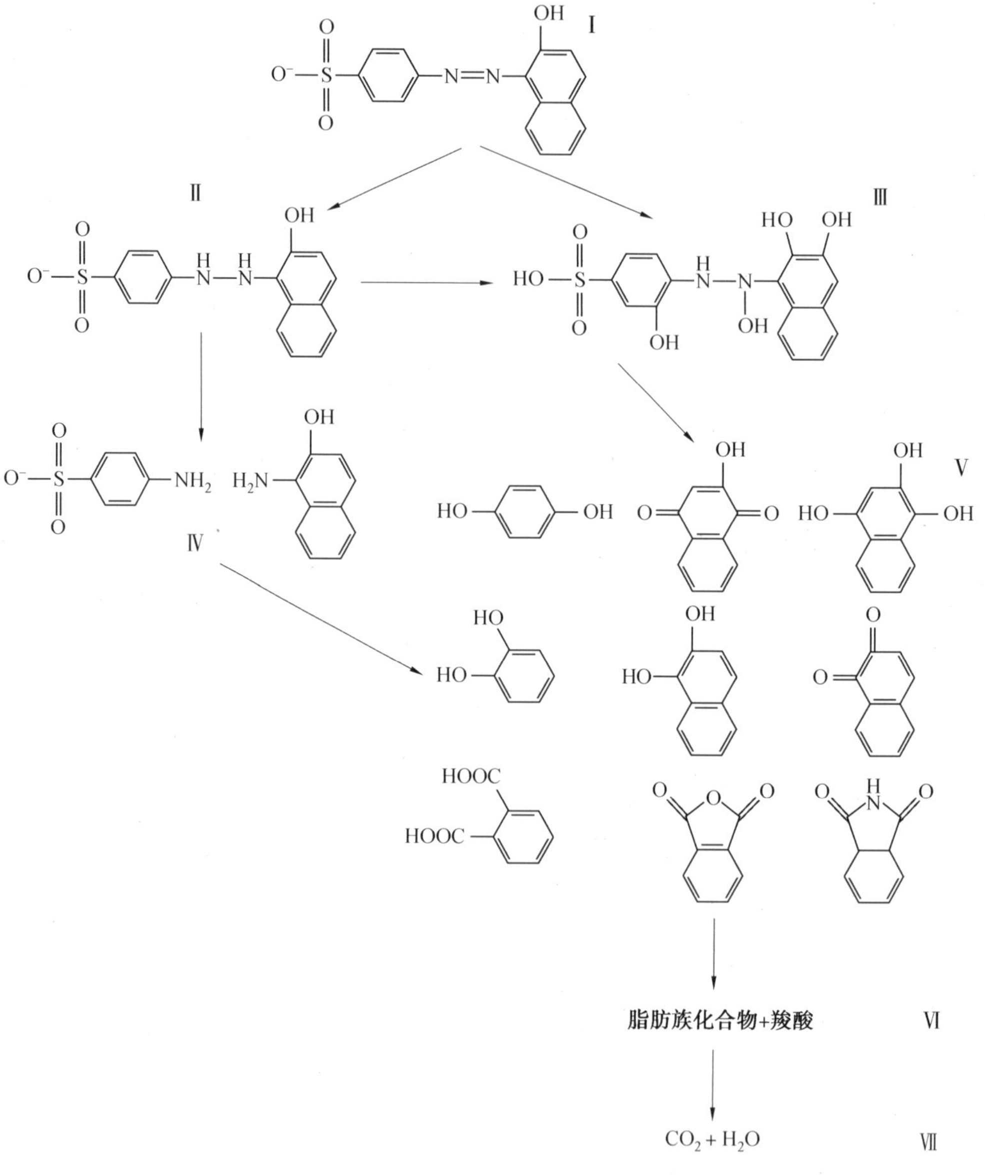

图 5.23　AO7 在 CFAC-2 催化类 Fenton 体系中的降解途径示意图

5.2.4　CFAC-2 的应用性能

1. CFAC-2 的稳定性

催化剂的稳定性与废水处理成本相关。随着催化剂使用时间的延长,催化剂表面的活性点位会逐渐消失,导致催化性能下降。本小节测试 CFAC-2 稳定性的实验条件与 5.2.2 节中所确定的最佳实验条件一致,即 C_{AO7} = 50 mg/L,CFAC-2 投加量 = 10 g/L, $C_{H_2O_2}$ = 15 mmol/L,pH = 5.5,处理温度 = 298 K。

如图 5.24 所示,在催化剂第 6 次使用且废水处理时间保持在 60 min 时,AO7 的去除率仍在 90.0% 以上,这与已介绍的一些催化剂相比,CFAC-2 表现出了较好的催化稳定性。

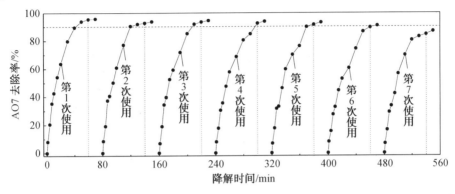

图 5.24　CFAC-2 的稳定性

处理废水中浸出 Fe 的质量浓度及相应的标准偏差见表 5.13。从表 5.13 可以看出,随着同一批次 CFAC-2 使用次数的逐渐增加,废水中 Fe 的浸出质量浓度越来越低,从 0.768 mg/L 降低至 0.116 mg/L,这说明均相催化作用在逐渐下降。在保证 AO7 去除率的基础上,可以看出多相催化氧化起到了主导作用。在第 7 次使用该批次 CFAC-2 时,AO7 的去除率降到了 90.0% 以下,这是废水中溶解性 Fe 的质量浓度(0.123 mg/L)过低所致,即均相催化也会起到一定的催化氧化作用。

表 5.13　CFAC-2 表面浸出 Fe 的质量浓度(CFAC-2 投加量=10 g/L)

实验次数	1	2	3	4	5	6	7	8
$C_{Fe}/(mg \cdot L^{-1})$	0.768	0.410	0.233	0.193	0.176	0.159	0.123	0.116
标准偏差	0.026 1	0.019 1	0.027 0	0.012 7	0.011 0	0.013 0	0.010 1	0.020 3

2. CFAC-2 的应用可行性

研究 CFAC-2 的浸出性是了解 CFAC-2 应用可行性的必要步骤。CFAC-2 中各种金属元素的浸出情况及相应的标准偏差见表 5.14。表 5.14 列出的 8 种元素(包括 3 种有毒元素 Cr、Pb 和 As)的浸出质量浓度均低于《污水综合排放标准》(GB 8978—1996)的规定,这说明 CFAC-2 可用于 AO7 废水的处理。尽管如此,在实际工程应用中仍应合理控制 CFAC-2 的投加量,避免因 CFAC-2 投加过多使浸出的有害元素超过相关标准。

表 5.14　CFAC-2 中各种金属元素的浸出质量浓度(pH=5.5, CFAC-2 投加量=10 g/L)

金属元素	Fe	Cr	Pb	Ni	Cu	Zn	As	Mn
质量浓度/$(mg \cdot L^{-1})$	0.768	0.076	0.041	0.037	0.064	0.270	0.040	0.200
标准偏差	0.026 1	0.008 3	0.003 7	0.005 0	0.006 7	0.041 7	0.024 6	0.015 0

在许多粉煤灰的回用领域都发现了粉煤灰的浸出,如沸石合成、土壤改良、复合产品和建筑材料生产。Behin 等测试了以粉煤灰为原料合成沸石的浸出性,研究发现沸石的

表面阳离子交换容量、比表面积和负电荷是影响其浸出性的主要因素,而其中并不包括pH。然而,本小节却需要充分考虑 pH 的影响,因为 CFAC-2 中金属元素的浸出性受 pH 影响显著。从以上两个研究的对比可以看出,在测试粉煤灰的浸出性时,浸出条件应与实际情况相符合,实际浸出条件不同,粉煤灰所表现出来的浸出性可能有所差异;另外,了解粉煤灰的浸出机理并制定不同回用条件下(如废水处理、沸石合成、土壤修复等)的浸出标准对于粉煤灰的高附加值回用至关重要。

5.2.5　CFAC-2 的催化机理

多相类 Fenton 催化机理和均相类 Fenton 催化机理已得到研究人员的深入研究。然而,均相与多相共催化机理的研究仍不充分。本小节深入考查了 CFAC-2 的催化机理并给出了直观的催化机理示意图(图 5.25)。

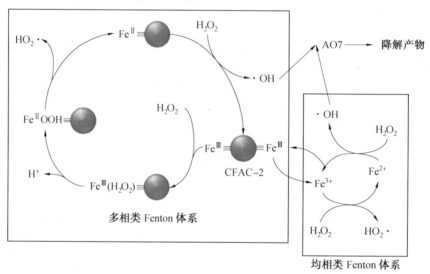

图 5.25　CFAC-2 在类 Fenton 催化体系中的催化机理示意图

如图 5.25 所示,在 AO7 的降解过程中,多相催化氧化和均相催化氧化能够同时发挥作用。对于多相催化来说,CFAC-2 表面的 Fe 起到了关键的作用。它不需要在废水中进行扩散,可直接与 H_2O_2 反应生成 $\equiv Fe^{III}(H_2O_2)$,进而分解生成 $\equiv Fe^{II}OOH$ 和 H^+。随后,通过丢失一个 $HO_2 \cdot$,$\equiv Fe^{II}OOH$ 转化成 $\equiv Fe^{II}$,从而催化 H_2O_2 生成 $\cdot OH$。对于均相催化来说,CFAC-2 表面的 Fe 需要首先溶入废水中并生成 Fe^{3+},然后在 Fe^{3+}/Fe^{2+} 的氧化还原循环作用下,进行均相类 Fenton 反应。

本小节接下来通过对比多相催化和均相催化中 $\cdot OH$ 的生成量来判断二者的重要性。在均相催化测试中,鉴于废水中 Fe 的浸出质量浓度为 0.768 mg/L(表 5.13),故采用 0.768 mg/L 的 Fe^{3+} 来代替 CFAC-2,考查均相催化体系中 $\cdot OH$ 的生成量。多相催化体系中 $\cdot OH$ 的生成量采用计算的方法获得,结果见表 5.15。从表 5.15 可以看出,在单纯的多相催化下,$\cdot OH$ 生成量(6.7 mmol/L)明显大于均相催化体系 $\cdot OH$ 生成量(3.9 mmol/L),这说明多相催化起到了更加重要的作用。

表 5.15 在不同的催化体系中·OH 的生成浓度   mmol/L

CFAC-2 (多相催化+均相催化)	0.77 mg/L Fe^{3+} (均相催化)	CFAC-2 – 0.77 mg/L Fe^{3+} (多相催化)
10.6	3.9	6.7
1.036[a]	0.392[*]	—

注:[*] 为相应·OH 浓度的标准偏差。

5.3 超声强化–硫酸活化粉煤灰催化类 Fenton 降解废水中 PAM

聚驱采油污水含有聚丙烯酰胺,使其处理难度较普通含油污水显著提高,因此有效去除聚驱采油污水中的聚丙烯酰胺是有效处理聚驱采油污水的前提。本节研究以硫酸活化粉煤灰(CFAC-3)为类 Fenton 催化剂,与 H_2O_2 组成类 Fenton 体系,在超声强化作用下,处理 PAM 模拟废水。本节研究内容包括 CFAC-3 与 RCFA 的表征与对比、CFAC-3 催化类 Fenton 体系与其他氧化体系性能比较、类 Fenton 体系自由基的测定与重要性分析、PAM 降解工艺优化与降解动力学研究、CFAC-3 表面金属元素的浸出、H_2O_2 的分解、CFAC-3 稳定性及催化机理研究。

5.3.1 CFAC-3 与 RCFA 的表征与对比

利用 SEM 考查了 CFAC-3 和 RCFA 的表面形貌。图 5.26 给出了 RCFA、未使用的 CFAC-3 和使用后的 CFAC-3 的表面形貌。图 5.26(b)表明 CFAC-3 颗粒表面呈现密集的不规则孔形结构,孔径一般在 1~10 μm 范围内,这种结构可能由 H^+ 对 RCFA 表面(图 5.26(a))的侵蚀造成的。

未使用的 CFAC-3 和使用后的 CFAC-3 的 N_2 吸附-解吸曲线和孔径分布曲线如图 5.27 所示。根据 BET 测试结果,RCFA 和 CFAC-3 的比表面积分别为 7.08 m^2/g 和 9.32 m^2/g,这说明硫酸活化显著提高了粉煤灰的表面积。根据 Barrett-Joyner-Halenda 方法计算得到的孔径分布曲线显示,未使用的 CFAC-3 的分布曲线具备三个特征峰,分别在 1.83 nm、2.08 nm 和 2.33 nm,这些微孔和中孔分布主要来自于 CFAC-3 表面的大量孔径。

RCFA 与 CFAC-3 中化学成分的对比结果见表 5.16。从表 5.16 可以看出灰中的碱性氧化物(CaO、K_2O、MgO 和 Na_2O)的质量分数均有一定程度的下降,而 SiO_2 却有一定的提高,这说明 H_2SO_4 消耗掉了 RCFA 中的一部分碱性氧化物。至于 Al_2O_3、Fe_2O_3、TiO_2 和 MnO 等氧化物的质量分数则呈现不同的变化,这可能与这些氧化物的存在位置和化学形态相关(灰的表面或内部)。

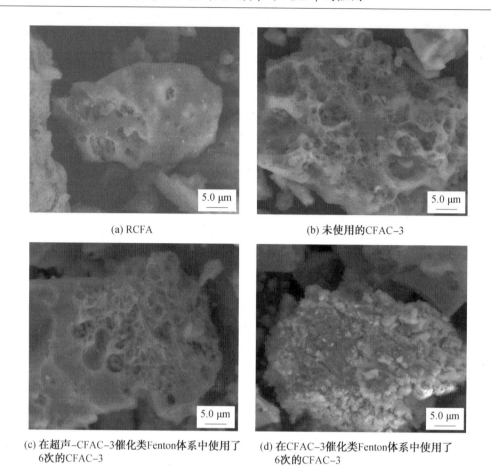

(a) RCFA

(b) 未使用的CFAC-3

(c) 在超声–CFAC-3催化类Fenton体系中使用了
6次的CFAC-3

(d) 在CFAC-3催化类Fenton体系中使用了
6次的CFAC-3

图 5.26 粉煤灰的 SEM 图像

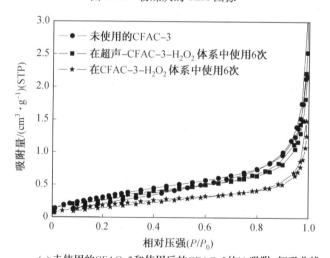

(a) 未使用的CFAC-3和使用后的CFAC-3的N₂吸附–解吸曲线

图 5.27 CFAC-3 在使用前后的孔径特性曲线

（STP（Standard Temperature and Pressure），标准温度和压强，表示图中吸附量是在标准状态下获取的）

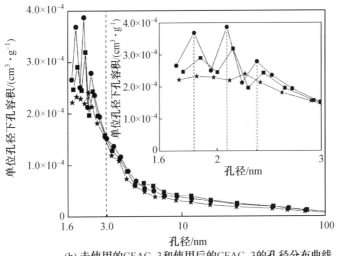

(b) 未使用的CFAC-3和使用后的CFAC-3的孔径分布曲线

续图 5.27

表 5.16 RCFA 与 CFAC-3 中典型的氧化物成分及质量分数 %

成分	SiO₂	Al₂O₃	Fe₂O₃	CaO	K₂O	TiO₂	MgO	Na₂O	MnO	CuO
RCFA	51.18	24.83	8.70	5.25	3.01	1.71	0.57	0.21	0.11	0.07
CFAC-3	56.42	23.02	8.83	2.58	2.11	1.65	0.40	0.20	0.11	0.08

使用 XRD 考查 RCFA 和使用 6 次后 CFAC-3 中的晶体成分,结果如图 5.28 所示。从图 5.28 可以看出,所考查的两种灰的 XRD 图谱与已发表的粉煤灰较为相似,其中仅含有石英(SiO_2)和莫来石($Al_6Si_2O_{13}$)两种晶体成分,这表明粉煤灰的 H_2SO_4 活化过程和废水处理过程并未改变粉煤灰中的晶体成分,这主要是 H_2SO_4 活化过程和废水处理过程中的温度与粉煤灰中晶体成分发生变化的最低温度(773 K)相差太大的缘故。由于石英和莫来石中的主要元素成分为 Si、O 和 Al,且这三种元素并无催化性能,因此可以推断具备类 Fenton 催化性能的金属元素主要存在于非晶相中。

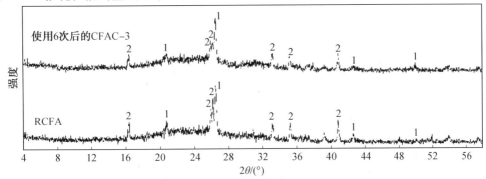

图 5.28 RCFA 与使用 6 次后的 CFAC-3 的 XRD 图谱
1—石英;2—莫来石

5.3.2　不同氧化体系性能比较及相关协同效应

本小节考查了 PAM 在不同的废水氧化处理体系中的降解情况,结果如图 5.29(a)所示。当单独使用 H_2O_2、CFAC-3 或超声处理废水且处理时间为 80 min 时,PAM 去除率仍然很低(H_2O_2:0.21%;CFAC-3:14.2%;超声:7.2%),这说明三者的单独作用均无法有效去除 PAM。CFAC-3 主要依靠吸附去除 14.2% 的 PAM,而超声则是依靠在水中的空化效应(式(5.9)和(5.10)),而 H_2O_2 的氧化性较弱,基本无法破坏 PAM 的整体结构。

$$H_2O \xrightarrow{\text{超声}} \cdot OH + \cdot H \qquad\qquad (5.9)$$

$$O_2 \xrightarrow{\text{超声}} 2 \cdot O \qquad\qquad (5.10)$$

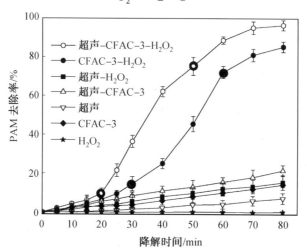

(a) PAM 在不同氧化体系中的去除效果,大圆点将 PAM 的
降解过程分为三个阶段

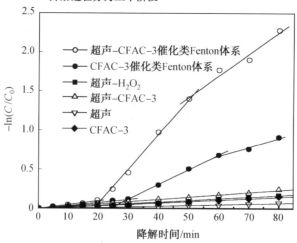

(b) PAM 在不同氧化体系中的降解动力学模拟

图 5.29　PAM 在不同氧化体系中的降解动力学

在超声-CFAC-3 体系中,PAM 在 80 min 时的去除率为 21.6%,而超声-H_2O_2 体系则

为 15.4%。形成鲜明对比的是,CFAC-3 催化类 Fenton 体系和超声-CFAC-3 催化类 Fenton 体系则能有效地去除 PAM,在处理时间为 80 min 时,PAM 的去除率分别为 85.3% 和 96.4%。

超声-H_2O_2 体系对于 PAM 的去除率相较于单纯的超声体系和 H_2O_2 体系均有明显提高,这说明超声空化效应能够促进 H_2O_2 生成·OH(式(5.11))。CFAC-3 催化类 Fenton 体系对 PAM 的 85.3% 的去除率说明 CFAC-3 具备良好的催化性能,该催化性能对于 H_2O_2 的分解作用显著强于超声对于 H_2O_2 的分解作用。

$$H_2O_2 \xrightarrow{\text{超声}} 2 \cdot OH \tag{5.11}$$

仅从数据看,超声-CFAC-3 体系对 PAM 的去除率(21.6%)基本与单纯超声过程(7.2%)和单纯 CFAC-3 体系(14.2%)之和相等;超声-CFAC-3 催化类 Fenton 体系对 PAM 的去除率(96.4%(80 min);95.1%(70 min))基本与超声-H_2O_2 体系(15.4%(80 min);13.3%(70 min))和 CFAC-3 催化类 Fenton 体系(85.3%(80 min);81.1%(70 min))相等,这说明超声与 CFAC-3 之间并未显示出明显的协同效应。

然而,从降解动力学角度进行分析的结果则恰恰相反。从图 5.29(a)可以看出,超声-CFAC-3 催化类 Fenton 体系和 CFAC-3 催化类 Fenton 体系中 PAM 的降解均可分为三个阶段,包括初始阶段(0~20 min 和 0~30 min)、正式氧化阶段(20~50 min 和 30~60 min)和进一步氧化阶段(50~80 min 和 60~80 min)。根据拟合结果(图 5.29(b)),PAM 在两种体系中的三个降解阶段均符合拟一级动力学模型,相应的速率常数见表 5.17。鉴于进一步氧化阶段中 PAM 的质量浓度显著低于实际含聚污水中 PAM 的质量浓度(100~1 000 mg/L),以下研究不再考虑该阶段。

表 5.17　PAM 在不同氧化体系中降解的表观动力学速率常数　　　1/min

表观动力学 速率常数	超声-CFAC-3 催 化类 Fenton	CFAC-3 催 化类 Fenton	超声- CFAC-3	超声 -H_2O_2	CFAC-3	超声
k_{11}	0.005 7	0.003 4				
k_{12}	0.044 7	0.017 5	0.002 8	0.002 1	0.001 7	0.000 9
k_{13}	0.027 7	0.011 5				

注:k_{11},k_{12} 和 k_{13} 分别为初始阶段、正式氧化阶段和进一步氧化阶段的表观动力学速率常数。

此处引入"协同度"的概念研究超声与 CFAC-3 的协同效应,具体定义如式(5.12)所示,该方程可以定量表达两种因素的协同程度。

$$\text{协同度} = \frac{k_{1i,AB}}{k_{1i,A} + k_{1i,B}} \tag{5.12}$$

式中　$k_{1i,AB}$——A-B 体系中 PAM 在第 i 阶段降解的拟一级降解动力学速率常数,1/min;

$k_{1i,A}$——A 体系中 PAM 在第 i 阶段降解的拟一级降解动力学速率常数,1/min;

$k_{1i,B}$——B 体系中 PAM 在第 i 阶段降解的拟一级降解动力学速率常数,1/min;

i——1、2 或 3。

根据计算结果,在 H_2O_2 存在的条件下,超声与 CFAC-3 的协同度分别为 1.04(初始阶段)和 2.28(正式氧化阶段);在不投加 H_2O_2 的条件下,二者的协同度为 1.08,这说明超声与 CFAC-3 的协同需要 H_2O_2 的参与;另外,初始阶段的较低协同度(1.04)说明该阶段主要发生表面扩散和内扩散,PAM 的氧化还未正式开始。

5.3.3　超声强化-CFAC-3 催化类 Fenton 体系自由基重要性

根据文献显示,类 Fenton 体系中常存在·OH、·HO_2 和 O_2^- 三种氧化性自由基。本小节为了定量表征这三种自由基的重要性,采用叔丁醇、异丙醇和苯醌分别作为·$OH_{(sur+aq)}$ ($k=6.0\times10^8$ L/mol·s)、·$OH_{(aq)}$ ($k=1.9\times10^9$ L/mol·s) 和·HO_2/·O_2^-(苯醌 +·$O_2^- \rightarrow$ 苯醌·$^-$+O_2) 的淬灭剂。其中,·$OH_{(sur+aq)}$ 代表 CFAC-3 表面和液相中的·OH,·$OH_{(aq)}$ 仅代表液相中的·OH。叔丁醇、异丙醇和苯醌的浓度分别为 0.1 mol/L、0.1 mol/L 和 0.05 mol/L,分别是 H_2O_2 投加量(8 mmol/L)的 12.5、12.5 和 6.25 倍。

实验结果如图 5.30 所示,添加自由基淬灭剂对 PAM 的降解有显著影响。当添加 0.1 mol/L叔丁醇时,PAM 的去除受到极大抑制,在 50 min 时 PAM 去除率仅为 6.6%;当添加 0.05 mol/L 苯醌时,PAM 的去除并未受到显著抑制,在 50 min 时 PAM 去除率仍为 83.4%,这表明催化剂表面和液相中的·OH 对 PAM 的降解起到了主要的氧化作用,而·HO_2/·O_2^- 仅起到辅助作用。

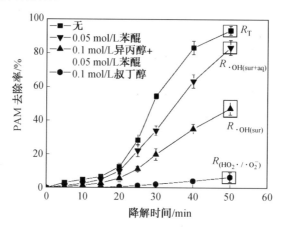

图 5.30　在超声-CFAC-3 催化类 Fenton 体系中氧化性自由基淬灭剂对 PAM 去除的影响
R—PAM 去除率;R_T—PAM 总去除率;
$R_{·OH(sur+aq)}$—同时在 CFAC-3 表面和液相中·OH 的氧化作用下 PAM 的去除率;
$R_{·OH(sur)}$—在 CFAC-3 表面·OH 的氧化作用下 PAM 的去除率;
$R_{·HO_2/·O_2^-}$—在·HO_2/·O_2^- 的氧化作用下 PAM 的去除率

为了了解催化剂表面和液相中的·OH 的重要性,向废水处理体系中同时投加了 0.1 mol/L的异丙醇和 0.05 mol/L 的苯醌,50 min 时 PAM 的去除率为 47.2%,这主要是催化剂表面的·OH 发挥了氧化作用,因此,可以计算得出,溶液中的·OH 能够去除 36.2%的 PAM。

使用式(5.13)、式(5.14)和式(5.15)定量化考查·$OH_{(sur)}$、·$OH_{(aq)}$ 和·HO_2/·O_2^- 在超声强化-CFAC-3 催化类 Fenton 体系中所起的作用。

$$C_{(sur)} = \frac{R_{\cdot OH_{(sur)}}}{R_T} \tag{5.13}$$

$$C_{(aq)} = \frac{R_{\cdot OH_{(aq)}}}{R_T} = \frac{R_{\cdot OH_{(sur+aq)}} - R_{(sur)}}{R_T} \tag{5.14}$$

$$C_{(\cdot HO_2 + \cdot O_2^-)} = \frac{R_{(\cdot HO_2 + \cdot O_2^-)}}{R_T} \tag{5.15}$$

式中　R_T——PAM 总去除率,%;

　　　$R_{\cdot OH(sur+aq)}$——在 $\cdot OH_{(sur+aq)}$ 氧化作用下 PAM 的去除率,%;

　　　$R_{\cdot OH(aq)}$——在 $\cdot OH_{(aq)}$ 氧化作用下 PAM 的去除率,%;

　　　$R_{\cdot OH(sur)}$——在 $\cdot OH_{(sur)}$ 氧化作用下 PAM 的去除率,%;

　　　$R_{(\cdot HO_2/\cdot O_2^-)}$——在 $\cdot OH_{(sur)}$ 和 $\cdot/\cdot O_2^-$ 氧化作用下 PAM 的去除率,%。

根据实验结果,$C_{(sur)}$、$C_{(aq)}$ 和 $C_{(\cdot HO_2/\cdot O_2^-)}$ 分别等于 0.50、0.39 和 0.07,三者之和为 0.96,而在理论上,三者之和应为 1。这主要由 CFAC-3 的吸附引起的,可以得出吸附对 PAM 的去除起的作用占 0.04。该结果表明超声-CFAC-3 催化类 Fenton 体系中所存在的 $\cdot OH$ 和 $\cdot HO_2/\cdot O_2^-$ 均可去除废水中的 PAM,其中 CFAC-3 表面的 $\cdot OH$ 起到主要的氧化作用,同时液相中的 $\cdot OH$ 对废水的有效处理所起作用也很关键。

本小节采用另外一种方法考查均相催化和多相催化的重要性。在不添加 H_2O_2,温度为 303 K,pH=3.0 的情况下,考查未使用的 CFAC-3 的浸出性能。为了此实验结果能够与上述实验结果具有可比性,浸出时间定为 50 min。浸出实验结束后,进行固液分离,并收集浸出液。利用浸出液配制 PAM 质量浓度为 100 mg/L,pH=3.0 的废水。在添加 H_2O_2(8 mmol/L)并打开超声的情况下进行 PAM 废水处理,50 min 后该均相催化体系中 PAM 的去除率为 39.1%,由于 PAM 的总去除率为 93.5%,因此多相催化对 PAM 的去除率为 54.4%。需要注意的是,39.1% 的 PAM 去除率为液相中 $\cdot OH$ 和 $\cdot HO_2/O_2^- \cdot$ 共同氧化的结果,54.4% 的 PAM 去除率为表面 $\cdot OH$ 和 $\cdot HO_2/O_2^- \cdot$ 共同氧化的结果。

该实验结果表明均相催化和多相催化均能氧化去除 PAM,同时多相催化的氧化作用占据主要地位。该实验结果也证实了超声-CFAC-3 催化类 Fenton 体系中催化剂表面 $\cdot OH_{(sur)}$ 的氧化起主要作用的结论。

5.3.4　PAM 的降解工艺优化与降解动力学

在本小节,考查了废水初始 pH、H_2O_2 投加量、CFAC-3 投加量和废水温度对 PAM 降解的影响,并通过分析 PAM 在初始阶段和正式氧化阶段的降解情况,优化了以上四个因素。

1. 废水初始 pH 的影响

pH 对于类 Fenton 过程具有显著影响。如图 5.31(a) 和表 5.18 所示,pH=2.0 和 3.0 时 PAM 降解速率常数最大,这导致 PAM 的降解速率和去除率最大。随着 pH 的继续增加,PAM 的去除率显著下降,初始阶段的降解速率常数从 0.005 3(1/min) 降到了 0.001 9(1/min),正式氧化阶段的降解速率常数从 0.090 4(1/min) 降到了

0.014 3(1/min)。

发表的研究结果表明,·OH 在酸性环境中的氧化能力能够得到最大的发挥。$k_{2,2}$的值(0.082 7(1/min))略低于 $k_{3,2}$ 的值(0.090 4(1/min)),这主要是 H^+ 与·OH 的副反应造成的(式(5.16))。

$$\cdot OH + H^+ + e^- \longrightarrow H_2O \qquad (5.16)$$

从以上研究可以看出,CFAC-3 虽然可以避免生成大量的含铁污泥,但仍然受到酸性环境的限制。研究人员致力于活化粉煤灰表面属性,使其能够在中性和碱性条件下催化类 Fenton 处理有机废水,这将是未来的一个研究方向。

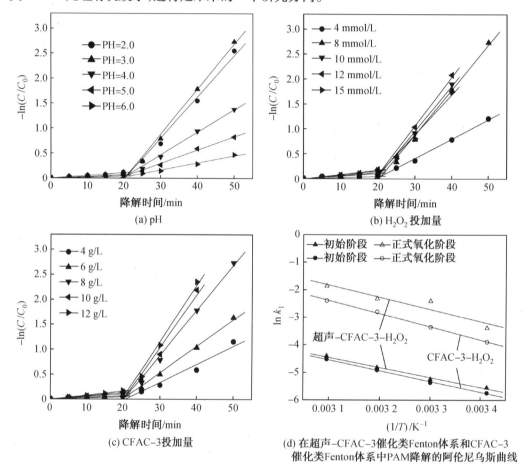

(a) pH

(b) H_2O_2 投加量

(c) CFAC-3投加量

(d) 在超声-CFAC-3催化类Fenton体系和CFAC-3催化类Fenton体系中PAM降解的阿伦尼乌斯曲线

图 5.31　在超声-CFAC-3 催化类 Fenton 体系中不同实验条件对 PAM 降解动力学的影响（实验条件:pH=3.0,$C_{H_2O_2}$=8 mmol/L,CFAC-3 投加量=8 g/L,C_{PAM}=100 mg/L,T=303 K）

表 5.18　不同 pH 时 PAM 在初始阶段和正式氧化阶段的表观降解速率常数　　　1/min

表观降解速率常数	$k_{2,1}$	$k_{2,2}$	$k_{3,1}$	$k_{3,2}$	$k_{4,1}$	$k_{4,2}$	$k_{5,1}$	$k_{5,2}$	$k_{6,1}$	$k_{6,2}$
具体值	0.005 5	0.082 7	0.005 3	0.090 4	0.003 8	0.045 2	0.002 9	0.026 7	0.001 9	0.014 3

注:$k_{m,n}$ 中 m 为具体的 pH(如 $m=1$ 指 pH=1.0),$n=1$ 代表初始阶段,$n=2$ 代表正式氧化阶段。

2. H_2O_2 投加量的影响

有研究表明超声可以促进水的分解,生成·OH,然而,事实证明·OH 生成量不足无法取得满意的废水处理效果。因此,需要额外投加 H_2O_2 生成足够的·OH。PAM 在超声-CFAC-3 催化类 Fenton 体系中的去除动力学如图 5.31(b)所示,当 H_2O_2 投加量在 $4 \sim 12$ mmol/L 范围内,随着 H_2O_2 投加量的增加,PAM 的降解速率不断提高;从表 5.19 中可以看出,$k_{4,1} \sim k_{12,1}$ 和 $k_{4,2} \sim k_{12,2}$ 分别从 0.002 6(1/min)增加到 0.009 0(1/min)和从 0.038 8(1/min)增加到 0.098 0(1/min)。这主要是随着 H_2O_2 投加量的不断增加,·OH 在单位时间内的生成量越来越多的缘故。然而,随着 H_2O_2 投加量的继续增加,PAM 的去除却受到了抑制,初始阶段和正式氧化阶段的 k 值分别从 0.009 0(1/min)降到 0.008 3(1/min),从 0.098 0(1/min)降到 0.080 5(1/min)。H_2O_2 投加量的增加会生成大量·OH,但这也促使了式(4.9)和式(5.17)的显著进行,而通过这两个反应生成的·O_2^- 和·HO_2 的氧化性却远远低于·OH,因此,如式(4.9)和式(5.17)所示的反应从整体上降低了氧化体系的氧化能力。

$$HO_2 \cdot \Longleftrightarrow \cdot O_2^- + H^+ \tag{5.17}$$

表 5.19　不同 H_2O_2 投加量时 PAM 在初始阶段和正式氧化阶段的表观降解速率常数　1/min

表观降解速率常数	$k_{4,1}$	$k_{4,2}$	$k_{8,1}$	$k_{8,2}$	$k_{10,1}$	$k_{10,2}$	$k_{12,1}$	$k_{12,2}$	$k_{15,1}$	$k_{15,2}$
具体值	0.002 6	0.038 8	0.005 3	0.090 4	0.006 4	0.090 7	0.009 0	0.098 0	0.008 3	0.080 5

注:$k_{m,n}$ 中 m 为具体的 H_2O_2 投加量(如 $m=4$ 指 $C_{H_2O_2} = 4$ mmol/L),$n=1$ 代表初始阶段,$n=2$ 代表正式氧化阶段。

3. CFAC-3 投加量的影响

根据 5.3.2 节,CFAC-3 可与超声形成协同效应,二者能够提高·OH 生成量,因此,CFAC-3 投加量会显著影响着整个系统的氧化能力。图 5.31(c)给出了 PAM 在不同 CFAC-3 投加量下的去除情况。结果表明,随着 CFAC-3 投加量的增加,PAM 的去除率有了显著提高,然而,PAM 的去除率增加的趋势却在逐渐放缓(表 5.20),这说明 CFAC-3 投加量的增加也带来了一定的负面效应。

表 5.20　不同 CFAC-3 投加量时 PAM 在初始阶段和正式氧化阶段的表观降解速率常数　1/min

表观降解速率常数	$k_{4,1}$	$k_{4,2}$	$k_{6,1}$	$k_{6,2}$	$k_{8,1}$	$k_{8,2}$	$k_{10,1}$	$k_{10,2}$	$k_{12,1}$	$k_{12,2}$
具体值	0.002 5	0.036 3	0.003 7	0.053 0	0.005 3	0.090 4	0.006 8	0.105 2	0.007 1	0.108 4

注:$k_{m,n}$ 中 m 为具体的 CFAC-3 投加量(如 $m=4$ 指 CFAC 投加量 $=4$ g/L),$n=1$ 代表初始阶段,$n=2$ 代表正式氧化阶段。

根据参考文献,CFAC-3 投加量较低时,随着投加量的增加,会提供越来越多的活性点位,从而生成越来越多的·OH;而当投加量增加到一定程度,进一步增加催化剂投加量会显著提高污染物和氧化剂的传质阻力,同时废水中浸出的越来越多的 Fe(Ⅱ)和 Fe(Ⅲ)也会通过反应式(5.18)和式(5.19)不断消耗·OH。

$$\text{Fe(III)} + H_2O_2 \longrightarrow Fe^{2+} + HO_2 \cdot + H^+ \tag{5.18}$$

$$\text{Fe(II)} + \cdot OH \longrightarrow Fe(III) + OH^- \tag{5.19}$$

根据以上论述,优化 CFAC-3 投加量不但影响污染物的最终去除率,还影响 H_2O_2 的有效利用率。

4. 废水温度的影响

见表 5.21,随着废水处理温度从 293 K 升高到 323 K,初始阶段和正式氧化阶段的污染物表观降解速率常数分别从 0.003 9(1/min)增加到 0.012 4(1/min),从 0.033 9(1/min)增加到 0.155 1(1/min)。因此,温度的升高可以加快催化性金属元素的氧化还原循环(如 Fe(II)/Fe(III) 和 Mn(III)/Mn(IV)),从而生成更多的 ·OH。

污染物在超声-CFAC-3 催化类 Fenton 体系和 CFAC-3 催化类 Fenton 体系中降解的阿伦尼乌斯曲线如图 5.31(d)所示。利用这些曲线可计算得到超声-CFAC-3 催化类 Fenton 体系中 PAM 降级的表观活化能分别为 30.2 kJ/mol(初始阶段)和 36.8 kJ/mol(正式氧化阶段),而在 CFAC-3 催化类 Fenton 体系中这两个数值分别为 32.5 kJ/mol(初始阶段)和 39.8 kJ/mol(正式氧化阶段)。根据文献报告,扩散控制时活化能的范围通常在 10~13 kJ/mol 之间,这显著低于上述的四个数值,所以 PAM 的降解主要受到氧化性自由基的控制。

超声-CFAC-3 催化类 Fenton 体系中较低的活化能表明超声能够在一定程度上降低污染物降解的活化能。本研究中 PAM 降解的活化能与不少有机污染物降解的活化能在同一个数量级(17.3~96.9 kJ/mol)(表 5.22),这表明本研究中的超声-CFAC-3 催化类 Fenton 体系完全可用于其他难降解有机污染物的氧化去除。

表 5.21　不同温度时 PAM 在初始阶段和正式氧化阶段的表观降解速率常数　　　1/min

表观降解速率常数	$k_{293,1}$	$k_{293,2}$	$k_{303,1}$	$k_{303,2}$	$k_{313,1}$	$k_{313,2}$	$k_{323,1}$	$k_{323,2}$
具体值	0.003 9	0.033 9	0.005 3	0.090 4	0.008 1	0.098 7	0.012 4	0.155 1

注: $k_{m,n}$ 中 m 为具体的温度(如 m=293 指温度=293 K),n=1 代表初始阶段,n=2 代表正式氧化阶段。

表 5.22　在 Fenton 或类 Fenton 体系中污染物降解的活化能

序号	有机污染物	活化能 /(kJ·mol⁻¹)	催化剂
1	异环素	17.3	松针状 $CuCo_2O_4$ 纳米催化剂
2	酸性红 88	25.3	颗粒活性炭负载铁芳香异肟酸衍生物 2-羟基吡啶-N-氧化物配体催化剂
3	麦西隆蓝 5G	27.0	多壁碳纳米管表面修饰的磁性纳米复合材料
4	一氧化氮	32.1	磁铁矿
5	咪唑基离子液体	43.3	Fe^{3+}
6	罗丹明 B	47.6	Fe_3O_4 磁性纳米颗粒

续表 5.22

序号	有机污染物	活化能 /(kJ·mol^{-1})	催化剂
7	制浆废水	50.9	制浆废水预处理工序残余溶解铁(FeCl$_3$)
8	布洛芬	53.0	Fe-沸石催化剂
9	罗丹明 B	87.0	碳化的废印刷电路板
10	苯酚	96.9	带有氧化铁涂层的钛合金

5.3.5　CFAC-3 表面金属元素的浸出及 H$_2$O$_2$ 的分解

本小节研究了超声-CFAC-3 催化类 Fenton 体系和 CFAC-3 催化类 Fenton 体系中可溶性金属元素的浸出情况及 H$_2$O$_2$ 的分解情况。如图 5.32 和图 5.33 所示,在两种体系中均可检测出不同的金属元素,如 Fe、Cu 和 Mn,这三种元素的浸出情况较为相似,在初期浸出较慢,随后浸出逐渐加快。以 Fe 元素为例(图 5.32),超声空化效应引起的振动和摩擦可强烈促进 Fe 的浸出,在 50 min 后,随着 PAM 废水的进一步处理,Fe^{2+} 质量浓度的增加逐渐减慢,这可能由废水中 PAM 的量逐渐减少,剩余的 ·OH 氧化 Fe^{2+} 引起的。CFAC-3 中金属元素的浸出可使体系中同时出现多相催化和均相催化,使废水处理效果有所提高,但金属浸出量应控制在合理范围,不应超过相关标准。

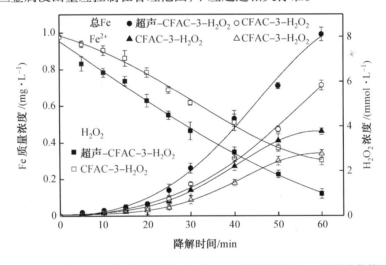

图 5.32　随着废水处理时间的延长,Fe 的浸出质量浓度及 H$_2$O$_2$ 浓度变化情况

图 5.32 也展示了两种体系中 H$_2$O$_2$ 浓度的变化。与金属元素不同,H$_2$O$_2$ 浓度在两个体系中以相似的速率不断下降。值得注意的是,在废水处理初期(20 ~ 30 min),废水中金属元素质量浓度相对比较低,而 H$_2$O$_2$ 浓度的变化速率从开始到结束却一直较为稳定。鉴于两种体系中的催化均包括表面催化和均相催化,可以得出在废水处理初期以表面催化为主的结论。

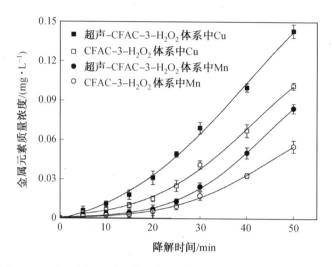

图 5.33　随着废水处理时间的延长,废水中 Cu 和 Mn 质量浓度的变化

5.3.6　CFAC-3 稳定性及催化机理

通过多次使用同一批 CFAC-3 的方式来测试 CFAC-3 的稳定性,实验结果如图 5.34 所示。从图 5.34 可以看出,在连续使用同一批 CFAC-3 六次后,超声-CFAC-3 催化类 Fenton 体系和 CFAC-3 催化类 Fenton 体系中的 CFAC-3 催化性能均有所下降,这与催化剂表面催化性金属元素的浸出有关,金属元素的不断浸出降低了活性点位的催化活性 (表 5.23)。然而,在超声-CFAC-3 催化类 Fenton 体系中,PAM 的去除率仍然高于 92.0%,而在相同实验条件下,CFAC-3 催化类 Fenton 体系仅能够去除 63.3% 的 PAM。因此,在超声强化作用下,CFAC-3 表现出与人工合成的复杂且昂贵的催化剂相似的催化稳定性。

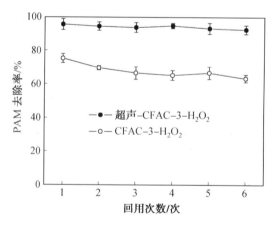

图 5.34　在超声-CFAC-3 催化类 Fenton 和 CFAC-3 催化类 Fenton 两种体系中 CFAC-3 的稳定性 (实验条件:pH=3.0,$C_{H_2O_2}$=8 mmol/L,CFAC-3 投加量=8 g/L,C_{PAM}=100 mg/L,T=303 K,t=70 min)

表 5.23　在超声-CFAC-3 催化类 Fenton 和 CFAC-3 催化类 Fenton 两种体系中浸出总铁的质量浓度（CFAC-3 投加量=8 g/L）　　　　　　mg/L

使用次数/次	1	2	3	4	5	6
超声-CFAC-3 催化类 Fenton 体系	0.99	0.75	0.60	0.49	0.47	0.39
CFAC-3 催化类 Fenton 体系	0.71	0.55	0.39	0.21	0.19	0.18

RCFA 和失效的粉煤灰催化剂具备相似的 XRD 图谱（图 5.28），这表明 CFAC-3 的制备过程和使用过程并未产生其他晶体成分；从 SEM 图像可以看出，当 CFAC-3 在超声-CFAC-3 催化类 Fenton 体系（图 5.26(c)）或 CFAC-3 催化类 Fenton 体系（图 5.26(d)）中使用 6 次后，CFAC-3 表面会吸附一些物质。结合 XRD 和 SEM 图谱分析，该物质可能是 PAM 和氢氧化物的混合物，这说明 PAM 在废水处理中同时存在降解和吸附行为；另外，从 SEM 图像还可看出，超声-CFAC-3 催化类 Fenton 体系（图 5.26(c)）中 CFAC-3 的表面明显比 CFAC-3 催化类 Fenton 体系（图 5.26(d)）中 CFAC-3 的表面更加清洁，这说明超声空化效应可以有效清洁 CFAC-3 表面。

利用氮吸附测试分别分析了未使用的 CFAC-3、在超声-CFAC-3 催化类 Fenton 体系中使用了 6 次的 CFAC-3 和在 CFAC-3 催化类 Fenton 体系中使用了 6 次的 CFAC-3（图 5.27）。与未使用的 CFAC-3 相比，在超声-CFAC-3 催化类 Fenton 体系中使用 6 次的 CFAC-3 的比表面积略有下降（9.14 m^2/g），而在 CFAC-3 催化类 Fenton 体系中使用 6 次的 CFAC-3 的比表面积下降幅度却较大（5.44 m^2/g）。该结果证实了超声空化效应具备表面清洁能力及 PAM 和氢氧化物在 CFAC-3 表面具有吸附行为的结论。

超声-CFAC-3 催化类 Fenton 体系中使用的 CFAC-3 的孔径分布与未使用的 CFAC-3 相似，但 1.6~3.0 nm 范围内的孔径所占比例却略有降低（图 5.27(b)），这可能由 CFAC-3 表面的微孔被超声空化效应破坏导致的。相比之下，在 CFAC-3 催化类 Fenton 体系中使用后的 CFAC-3 的表面孔隙显著减少，这显然是 PAM 和氢氧化物吸附造成的。

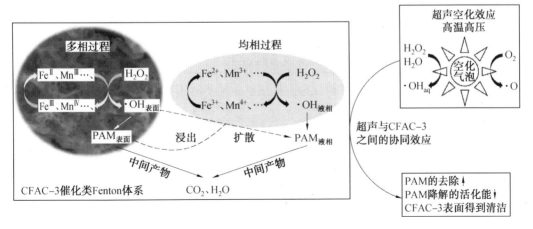

图 5.35　超声-CFAC-3 催化类 Fenton 体系中 CFAC-3 的催化机理

基于以上研究结果和文献提出的超声–CFAC-3 催化类 Fenton 体系的 CFAC-3 催化氧化机理如图 5.35 所示。该机理包括金属元素（Fe^{II}/Fe^{III} 和 Mn^{III}/Mn^{IV} 等）的氧化还原、H_2O_2 的分解与 · OH 的生成、PAM 的氧化，以及超声的作用（促进 PAM 降解，降低 PAM 降解活化能，清洁 CFAC-3 表面）。

5.4   微波预强化–硫酸活化粉煤灰催化类 Fenton 处理含聚污水

本研究分别选取 APAM 模拟废水和含聚污水作为目标污染物，考查微波预强化–硫酸活化粉煤灰催化类 Fenton 对含聚污水的处理效果。本研究将制备的硫酸活化粉煤灰类 Fenton 催化剂命名为 CFAC-4。具体的微波预强化过程和整个污水处理过程如图5.36所示。本节研究内容包括含聚污水处理条件的优化、各工艺条件与 APAM 去除率的相关研究、APAM 降解动力学、CFAC-4 催化机理及微波预强化机理和微波强化与 APAM 去除率的相关性分析。

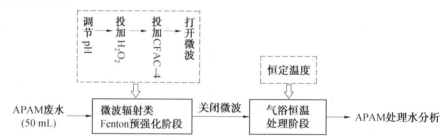

图 5.36   微波预强化–硫酸活化粉煤灰催化类 Fenton 处理含聚污水流程图

5.4.1   含聚污水处理条件的优化

本小节通过单因素实验依次考查了 CFAC-4 投加量、H_2O_2 投加量、溶液初始 pH、微波功率、微波强化时间及恒温反应时间对含聚污水中 APAM 处理效果的影响，以此得到含聚污水的最佳处理条件。

1. CFAC-4 投加量对 APAM 处理效果的影响

CFAC-4 投加量分别选择 2 g/L、4 g/L、6 g/L、8 g/L、10 g/L、14 g/L、20 g/L、24 g/L 及30 g/L，在微波强化后，置于温度为 308 K、转速为 180 r/min 的气浴恒温振荡器内处理90 min，实验结果如图 5.37 所示。总体来看，CFAC-4 投加量的增加会提高含聚污水中 APAM 的去除率，且 CFAC-4 催化类 Fenton 体系对实际含聚污水的处理效果明显低于对模拟含聚污水的处理效果，这是由实际含聚污水色度高、杂质多、成分复杂引起的，同时也说明对实际含聚污水的处理比较困难。

在处理效果方面，对于模拟含聚污水，当 CFAC-4 投加量为 20 g/L 时，溶液中 APAM 残留质量浓度可以降到 10.0 mg/L 左右，此时 APAM 去除率达到最大，为 93.3%，但在 CFAC-4 投加量为 10 g/L 时，APAM 去除率便可以达到 93.2%，二者处理效果几乎相同，因此选择 10 g/L 为 CFAC-4 的最佳投加量;对于实际含聚污水,当 CFAC-4 投加量为 20～30 g/L时,溶液中 APAM 残留质量浓度可以降到 49.1 mg/L,此时 APAM 去除率达到最大(61.4%),因此可以选择 20 g/L 为 CFAC-4 的最佳投加量。

综合分析两种废水处理结果可以看出,随着 CFAC-4 投加量的持续增加,一方面溶液中的 H_2O_2 被完全消耗,过量投加粉煤灰不会显著提高废水处理效果;另一方面,当 CFAC-4投加量过多,CFAC-4 中吸附点位增多的同时,未被占据的点位也会相应增多,导致单位质量的 CFAC-4 所能吸附的污染物减少,吸附率有所下降,但下降幅度有限,约为 9%。

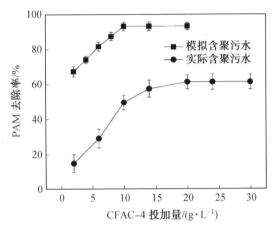

图 5.37　CFAC-4 投加量对 APAM 废水处理效果的影响

(实验条件:pH=3.0,$C_{H_2O_2}$=20 mmol/L,P_{MW}=490 W,模拟污水微波预辐射时间=2 min,

实际污水微波预辐射时间=5 min)

综合考虑经济成本及反应效能,处理模拟含聚污水最佳 CFAC-4 投加量为 10 g/L,处理实际含聚污水最佳 CFAC-4 投加量为 20 g/L。与处理模拟含聚污水相比,处理实际含聚污水所需 CFAC-4 投加量不仅增大了一倍,而且处理效果也显著降低,可见想要提高对 APAM 的处理效果,还要综合考虑实际含聚污水水质的复杂性。

2. H_2O_2 投加量对 APAM 处理效果的影响

H_2O_2 投加量分别选择 2 mmol/L、6 mmol/L、10 mmol/L、14 mmol/L、18 mmol/L、20 mmol/L 及 24 mmol/L,在微波预强化后,放入温度设置为 308 K、转速为 180 r/min 的气浴恒温振荡器内反应 90 min,实验结果如图 5.38 所示。H_2O_2 作为类 Fenton 体系中·OH 的来源,其投加量对含聚污水中 APAM 的降解处理具有显著影响。总体来看,H_2O_2 投加量增加会提高 APAM 去除率,且对实际含聚污水的处理效果明显低于对模拟含聚污水的处理效果。

在处理效果方面,对于模拟含聚污水,在低浓度阶段,随着溶液中 H_2O_2 投加量的增加,APAM 残留质量浓度显著下降,在投加量为 10 mmol/L 时,APAM 去除率达到最大(93.2%)。随着投加量的继续增加,APAM 去除率基本保持不变;实际含聚污水也表现出了类似的趋势,在低浓度阶段,APAM 降解迅速,尤其 H_2O_2 投加量为 5～10 mmol/L 时,这是由于 5 mmol/L H_2O_2 投加量是 APAM 快速降解的最低剂量,快速生成的 ·OH 与 APAM 有了充分接触,APAM 降解速率加快。随着 H_2O_2 投加量的不断增加,APAM 去除率缓慢提高,在投加量为 18 mmol/L 时,APAM 去除率达到最大值(62.3%)。再进一步增加 H_2O_2 投加量,APAM 去除率开始有所下降并逐渐趋于平衡,过量投加的 H_2O_2 会与溶液中生成的 ·OH 发生反应,进一步生成 ·HO_2,从而降低了氧化剂 H_2O_2 的利用率;另外,这样高的投加量会造成资源的浪费及废水处理成本的提高。

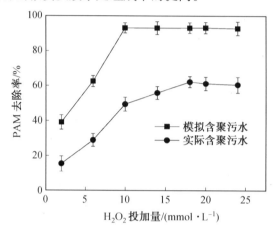

图 5.38　H_2O_2 投加量对 APAM 处理效果的影响

(实验条件:pH=3.0,P_{MW}=490 W,模拟污水 CFAC-4 投加量=10 g/L,
实际污水 CFAC-4 投加量=20 g/L,模拟污水微波预辐射时间=2 min,实际污水微波预辐射时间=5 min)

综合两种废水处理的分析结果,10 mmol/L H_2O_2 投加量可作为模拟含聚污水处理的最佳条件,18 mmol/L H_2O_2 投加量可作为实际含聚污水处理的最佳条件。

3. 溶液初始 pH 对 APAM 处理效果的影响

废水初始 pH 分别选择依次改为 1.0、2.0、3.0、4.0、5.0、7.0、9.0 及 11.0,经微波预强化后,放入温度设置为 308 K、转速为 180 r/min 的气浴恒温振荡器内反应 90 min,实验结果如图 5.39 所示。在 pH 较低时,随着 pH 的增大,APAM 去除率迅速增加,但当 pH 超过 2.0(实际含聚污水)或 3.0(模拟含聚污水)后,APAM 去除率又显著下降,在中性条件下 APAM 的降解效果最差。碱性条件下对 APAM 的处理效果逐渐提高,但很缓慢,APAM 去除效果远不如酸性条件。模拟和实际含聚污水的处理效果具有类似的趋势。

对于模拟含聚污水,在溶液初始 pH=3.0 时,去除效果最好,APAM 去除率可以达到 93.2%。之后随着溶液初始 pH 的增大,APAM 去除率开始降低,在 pH=7.0 时达到最小,为 39.3%。对于实际含聚污水,在溶液初始 pH=2.0 时,去除效果最好,APAM 去除率可以达到 69.2%;之后随着 pH 的增大,溶液不能提供类 Fenton 反应过程中所需的适宜酸性条件,APAM 去除效果开始降低,并且在 pH=7.0 时达到最小,APAM 去除率为 13.7%;总体降解趋势与模拟含聚污水相同,有所不同的是,处理实际含聚污水对于溶液酸性条件要求较高,这与实际含聚污水水质复杂难处理的特性有关。

综合两种废水分析,在强酸性反应条件下,CFAC-4 中 Fe^{2+} 与 Fe^{3+} 浸出到溶液中,氧

化剂 H_2O_2 分解产生·OH,随后发生一系列 Fenton 反应,从而氧化分解污染物 APAM。此外,在适宜的酸性条件下,一些中和、沉淀、吸附与混凝等各种反应也能发生,对 APAM 有一定的处理效果。而当溶液初始 pH 在碱性范围内时,CFAC-4 中的某些金属氧化物便可以促进某些水化反应过程的发生,从而吸附处理废水中的 APAM。

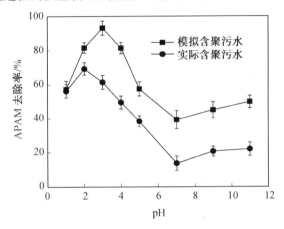

图 5.39　初始 pH 对 APAM 处理效果的影响

(实验条件:P_{MW}=490 W,模拟污水 $C_{H_2O_2}$=10 mmol/L,

实际污水 $C_{H_2O_2}$=18 mmol/L,模拟污水 CFAC-4 投加量=10 g/L,

实际污水 CFAC-4 投加量=20 g/L,模拟污水微波预辐射时间=2 min,实际污水微波预辐射时间=5 min)

综上所述,处理模拟含聚污水的最佳初始 pH 为 3.0,处理实际含聚污水的最佳初始 pH 为 2.0。然而,在实际工程应用中过低的 pH 会造成对设备的腐蚀损坏,因此,本小节需要在实际含聚污水最佳 pH 条件的基础上进行优化实验以解决上述问题。

在优化提升初始 pH 时,必须考虑 Fenton 反应所需要的酸性条件。因此,pH 的调整必须使其在酸度范围内。由于实际含聚污水与模拟含聚污水相比,所含杂质多,成分较复杂,黏度更高,乳化性质更稳定。因此,针对实际含聚污水这些特点,首先对其进行一定预处理,然后开展后续实验,以此提高对 APAM 的处理效果,具体实验方法如下。

取 60 mL 实际含聚污水于锥形瓶中,加入 1.0 g 的 CFAC-4,放入温度设置为 308 K、转速为 180 r/min 的气浴恒温振荡器中吸附预处理 10 min,然后以 4 000 r/min 的转速离心 5 min,取上清液备用;离心管底中的 CFAC-4 用去离子水反复清洗 5 次后,放入烘箱中 378 K 烘干至恒重,再用烘干的 CFAC-4 处理 50 mL 上清液,测定实际含聚污水中的 APAM 残留质量浓度与去除率,具体实验结果如图 5.40 所示。

经过上述优化处理后,APAM 残留质量浓度与去除率分别下降与提升,前者由 90 min 处的 49.17 mg/L 下降到 39.25 mg/L;后者由 90 min 处的 61.3% 升高到 69.1%;而当初始 pH=2.0 时,APAM 残留质量浓度与去除率分别为 39.15 mg/L 和 69.2%。经过预处理的实际含聚污水在初始 pH=3.0 时对 APAM 的降解效果可与最佳初始 pH 条件下(pH=2.0)的降解效果近似,因此可以采用这种方法对初始 pH 进行优化。

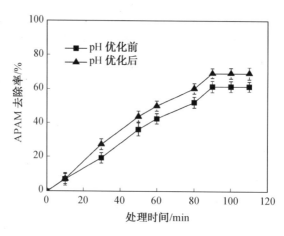

图 5.40　优化初始 pH 对 APAM 处理效果的影响

4. 微波功率对 APAM 处理效果的影响

微波功率分别选择 0 W、70 W、210 W、350 W、490 W 及 700 W,其余反应条件:溶液初始 pH = 3.0(实际含聚污水初始 pH = 2.0),10 mmol/L 的 H_2O_2(实际含聚污水投加 18 mmol/L H_2O_2)、10 g/L 的 CFAC-4(实际含聚污水投加 20 g/L 的 CFAC-4),在相应的微波功率下辐射加热 2 min(实际含聚污水微波辐射加热 5 min),然后放入温度设置为 308 K、转速为 180 r/min 的气浴恒温振荡器内反应 90 min,实验结果如图 5.41 所示。

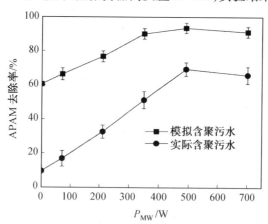

图 5.41　微波功率对 APAM 处理效果的影响

由图 5.41 可知,总体上微波功率增加会提高含聚污水中 APAM 的去除率,且此过程对模拟含聚污水的处理效果明显高于对实际含聚污水的处理效果。

不加微波强化处理时,CFAC-4 对模拟含聚污水中 APAM 的降解处理效果为 60.4%,后续随微波功率的增加,APAM 去除率迅速增加,在微波功率为 490 W 时,APAM 去除率可以达到 93.2%,降解效果显著。当微波功率继续增加到 700 W 时,APAM 去除率反而降低到 90.8%。对于实际含聚污水,在不加微波强化处理时,CFAC-4 对 APAM 的催化降解处理效果为 9.9%,据此可知微波辅助处理实际含聚污水时,溶液中 APAM 降解得更快,这说明微波对难降解、成分复杂的实际废水处理作用效果更好。后续随着微波功率的增加,废水的 APAM 去除率迅速增加,在微波功率为 490 W 时,APAM 去除率可以达到 69.1%,与模拟含聚污水相同的是,当微波功率增加到 700 W 时,APAM 去除率下降,降低到 65.6%。

综合两种废水分析,微波对于类 Fenton 反应过程具有积极的强化促进作用,随着微波辐射功率的增大,单位体积废水吸收的微波辐射能不断增加,显著提高分子之间的碰撞强度,提高传质作用,促进氧化剂 H_2O_2 加快分解产生·OH。微波辐射功率持续增大反而会抑制类 Fenton 反应催化氧化体系。

综上所述,无论是模拟含聚污水还是实际含聚污水,微波-类 Fenton 体系氧化降解 APAM 的最佳功率均为 490 W。

5. 微波强化时间对 APAM 处理效果的影响

微波强化作用时间选择 1 min、2 min、3 min、5 min、7 min 及 9 min,其余反应条件:溶液初始 pH=3.0(实际含聚污水初始 pH=2.0),10 mmol/L 的 H_2O_2(实际含聚污水投加 18 mmol/L H_2O_2),10 g/L 的 CFAC-4(实际含聚污水投加 20 g/L 的 CFAC-4),490 W 微波功率下加热相应时间,然后放入温度设置为 308 K、转速为 180 r/min 的气浴恒温振荡器内反应 90 min,实验结果见图 5.42。

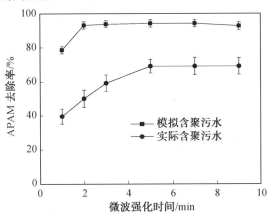

图 5.42　微波预强化时间对 APAM 处理效果的影响

由图 5.42 可知,微波强化作用时间延长对含聚污水中 APAM 的降解有很好的作用效果,随着微波的持续辐射作用,废水中 APAM 残留质量浓度不断下降,APAM 去除率不断提高。但此过程对模拟含聚污水的处理效果明显高于对实际含聚污水的处理效果。

对模拟含聚污水,在微波强化时间为 2 min 时,APAM 去除率迅速提升到 93.0%,在 5 min 时达到最好效果,APAM 去除率为 94.1%,与强化时间 7 min 时的效果等同;后续随着强化时间的延长,APAM 去除率反而会降低。对于实际含聚污水,在微波强化作用时间为 5 min 时达到最好效果,APAM 去除率为 69.2%。与模拟含聚污水的最佳微波强化时间一致。

综合两种废水分析,微波的辐射可以迅速提高类 Fenton 反应过程速率,在较短的时间内便可以有效地降低反应活化能,实现较好的催化降解效果;但后续随着微波强化时间继续增加,同微波功率增加一样,会造成 H_2O_2 无效分解,从而降低对含聚污水中 APAM 的处理效果。

因此,结合含聚污水处理工艺条件并综合考虑处理效果与经济成本,处理模拟含聚污水与实际含聚污水的最佳微波强化作用时间选取为 5 min。

6. 恒温反应时间对 APAM 处理效果的影响

恒温反应时间选择 10 min、30 min、50 min、60 min、80 min、90 min 及 100 min,其余反应条件为:溶液初始 pH=3.0(实际含聚污水初始 pH=2.0),10 mmol/L 的 H_2O_2(实际含聚污水投加 18 mmol/L H_2O_2),10 g/L 的 CFAC-4(实际含聚污水投加 20 g/L 的 CFAC-4),490 W微波功率下加热 5 min,然后放入温度设置为308 K、转速为 180 r/min 的气浴恒温振荡器中反应相应的时间,实验结果如图 5.43 所示。

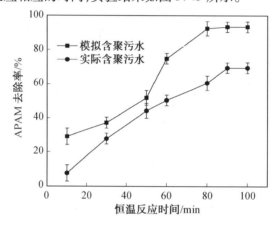

图 5.43　恒温反应时间对 APAM 处理效果的影响

反应时间是影响反应过程的一个十分重要的因素,它决定着反应的完成程度及反应效果。由图 5.43 可知,恒温反应时间显著影响着含聚污水中 APAM 的降解处理效果,随着恒温反应时间的延长,溶液中 APAM 不断被反应降解,且此过程对模拟含聚污水的处理效果明显高于对实际含聚污水的处理效果。

对于模拟含聚污水,在 50~80 min 时间段内反应最为迅速,当恒温反应时间为90 min时,APAM 降解效果最好,APAM 去除率可以达到 93.2%。后续再随着时间的延长,APAM 残留质量浓度基本不变。在反应的起始阶段,CFAC-4 需要经过一定的时间活化以适应反应过程,在 50~80 min 时,粉煤灰达到最好的活化状态,反应速率最快。当恒温反应时间为 90 min 时,CFAC-4 催化与吸附性逐渐达到饱和平衡状态,随着恒温反应时间的延长,不再对污染物 APAM 有显著降解作用。对于实际含聚污水,在 10~50 min 时间段内反应速率最快,且在恒温反应时间为 50 min 时,APAM 去除率可以达到44.0%。原因是实际含聚污水成分复杂、杂质多,后续恒温反应时间的延长会引起其他物质的生成及一系列副反应的发生,对其降解处理效果有一定的影响;另外,当恒温反应时间达到90 min时,对 APAM 催化降解效果最好,APAM 去除率可以达到 69.2%,此时溶液中APAM 残留质量浓度为 39.15 mg/L。与模拟含聚污水相同的是,后续随着时间的延长,类 Fenton 反应接近终止,APAM 残留质量浓度基本不变。CFAC-4 催化与吸附点位饱和,随着恒温反应时间的继续延长,不再对溶液中的 APAM 有显著的降解吸附作用。

综上所述,处理模拟含聚污水与实际含聚污水的最佳恒温反应时间均为 90 min。然而过长的恒温反应时间需要较大体积的反应容器,会造成占地面积及设备建设等各方面的实践困难。因此,处理实际含聚污水时仍需要在最佳恒温反应时间的基础上进行优化。本小节通过改善微波强化作用与气浴恒温反应两个方面来降低系统反应时间,使其控制在 60 min 之内。

首先,通过提升微波强化作用效率使反应系统达到较高的温度,根据微波对·OH 的作用效果分析,过高的功率与过长的微波强化时间均会导致·OH 生成量降低,但反应温度对于反应效果至关重要,相应延长微波强化作用时间来提高反应系统温度也会产生正面效应。因此实验通过控温 328 K,使微波强化结束的最终温度作为气浴恒温反应的起始温度。实验结果表明,在微波功率 490 W、微波作用时间 7 min 时,微波强化作用结束时溶液的最终温度升高至约为 328 K,此时气浴恒温振荡器设置为温度 328 K、转速 180 r/min,并每隔一定时间测定实际含聚污水中 APAM 残留质量浓度,实验结果如图 5.44 所示。

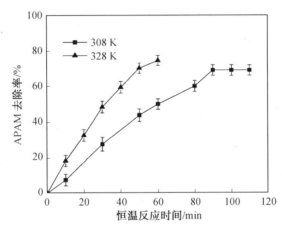

图 5.44　恒温反应时间优化对 APAM 处理效果的影响

从图 5.44 可知,温度的升高明显缩短了降解 APAM 所需要的恒温反应时间。在前 30 min 内,APAM 降解速率一直保持直线式上升,反应速率最快,这证明了微波强化时间的适当延长有助于 CFAC-4 的活化,加快促进·OH 的生成。在后 30 min 内,反应速率有所减缓,但溶液中 APAM 残留质量浓度一直在降低,并在第 50 min 时,APAM 去除率便达到了 70.3%,近似于升温之前 90 min 时对 APAM 的处理效果(69.1%)。因此,从对实际含聚污水中 APAM 的降解效果来看,通过上述微波强化作用与气浴恒温反应两方面的升温控温方法,可以达到原先缩短恒温反应时间的目标。尽管温度能耗方面的经济成本也需要考虑在内,但总体来说,相比于耗电量,恒温反应时间由 90 min 缩短到 50 min,效果显著,优势明显,可以采用这种方法进行优化处理。

综上所述,处理模拟含聚污水的最佳反应条件为:CFAC-4 投加量为 10 g/L,H₂O₂ 投加量为 10 mmol/L,溶液初始 pH=3.0,微波功率为 490 W,微波强化时间为 5 min,恒温反应时间为 90 min。处理实际含聚污水的最佳反应条件为:CFAC-4 投加量为 20 g/L,H₂O₂ 投加量为 18 mmol/L,初始 pH=3.0,微波功率为 490 W,微波强化时间为 5 min,恒温反应时间为 50 min。总体来看,处理降解实际含聚污水所需的酸性条件较为严苛,需要对废水进行一定的预处理以达到模拟含聚污水的处理效果;并且反应物的投加量也要远远高于模拟含聚污水,这与实际含聚污水的水质特性密不可分。

5.4.2 各工艺条件与 APAM 去除率的相关性

为了表征反应物投加量、溶液初始 pH、微波功率等各个影响因素对 CFAC-4 与 H_2O_2 组成的类 Fenton 体系降解处理 APAM 的反应效果,对多个具有相关性变量的元素进行相关性分析,以此衡量两个变量之间的相关性。因此,本小节采用 SPSS 20 软件对单因素实验结果进行处理分析,得到的相关性分析结果见表 5.24。

表 5.24 各个工艺条件与 APAM 去除率的相关性分析

去除率	CFAC-4 投加量	H_2O_2 投加量	初始 pH	微波 功率	微波强化 时间	恒温反应 时间
模拟含聚污水	0.845*	0.819*	−0.643	0.906*	0.539	0.970**
实际含聚污水	0.864*	0.917**	−0.873**	0.949**	0.872*	0.986**

注:* 表示在 0.05 水平(双侧)上显著相关;** 表示在 0.01 水平(双侧)上显著相关。

从表 5.24 可知,总体上实际含聚污水的 APAM 去除率与各个反应条件之间的联系更为紧密,相关性系数的绝对值要普遍大于模拟含聚污水实验组。

此外,对于实际含聚污水,所有影响因素均与 APAM 去除率具有很强相关性,除去初始 pH 与 APAM 去除率为负相关,其余均为正相关,且与 APAM 去除率相关性最大的影响因素为恒温反应时间,相关性系数的取值为 0.986。对于模拟含聚污水,与 APAM 去除率具有很强相关性的影响因素有:CFAC-4 投加量、H_2O_2 投加量、微波功率及恒温反应时间。而微波强化时间与 APAM 去除率呈中等程度相关,相关性较上述影响因素有所减弱。相关性最大的也是恒温反应时间,即与模拟含聚污水的 APAM 去除率具有最大相关性的影响因素为恒温反应时间。

通过上述分析可知,实际含聚污水由于其水质的复杂性,对于具体的实验反应条件的要求与模拟含聚污水大体一致但又有所不同,尤其表现在对恒温反应时间的要求上。这也为初始 pH 与恒温反应时间的优化实验提供了一定的理论基础,即通过改变与 APAM 去除率相关性最小的影响因素和相关性最大的影响因素,同时进行二者之间的权衡优化,首选通过预处理和升温的方式,以此抵消提高初始 pH 及缩短恒温反应时间造成的 APAM 去除率下降问题。

5.4.3 APAM 降解动力学

1. APAM 降解动力学方程

针对 CFAC-4 类 Fenton 反应降解溶液中 APAM 的过程,反应速率对于降解动力学的研究至关重要。根据之前单因素实验得出的最佳反应条件,并在此反应条件下,取 10 min、30 min、50 min、60 min、80 min、90 min、100 min 及 110 min 时间节点分别测定废水中 APAM 残留质量浓度,依次代入拟一级动力学方程(5.2)和拟二级动力学方程(5.20)

进行拟合,以此探究 CFAC-4 类 Fenton 反应过程降解模拟含聚污水的动力学特征,计算相应的反应速率常数并建立具体模型,实验结果如图 5.45 所示。

$$\frac{1}{C} - \frac{1}{C_0} = k_2 \cdot t \tag{5.20}$$

式中　C_0——APAM 的初始质量浓度,mg/L;

　　　C——反应时间为 t min 时的 APAM 的瞬时质量浓度,mg/L;

　　　k_2——拟二级降解动力学速率常数,g/(mg·min);

　　　t——恒温反应时间,min。

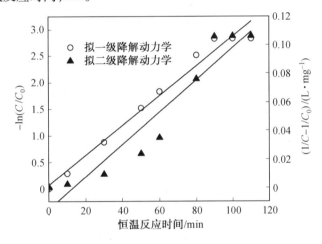

图 5.45　最佳反应条件下的动力学模型

从图 5.45 中可知,CFAC-4 类 Fenton 处理模拟含聚污水中 APAM 的过程符合拟一级动力学模型,尤其是在反应的前 80 min 内符合性最好,后续随着催化与吸附平衡而逐渐偏离曲线,拟合性变差,具体动力学模型见表 5.25。

表 5.25　最佳反应条件下的动力学模型

反应级数	速率常数	相关系数 R^2	动力学模型
1	0.029 0/(1·min^{-1})	0.993 1	ln C=5.010 6−0.029 0t
2	0.001 2/(g·(mg·min)$^{-1}$)	0.899 5	1/C=0.006 7+0.001 2t

2. 不同 CFAC-4 投加量的降解动力学

之前单因素实验表明,CFAC-4 投加量的持续增加会使废水的 APAM 去除率也随之不断提高。但过量的 CFAC-4 提供过多的 Fe 离子,反而不利于类 Fenton 反应过程的继续进行。基于此,选择 CFAC-4 投加量为:2 g/L、4 g/L、8 g/L、10 g/L 及 20 g/L,进行动力学催化降解实验,结果如图 5.46 所示。

由图 5.46 可知,在不同 CFAC-4 投加量条件下,CFAC-4 类 Fenton 反应处理模拟含聚污水中 APAM 的过程均符合一级动力学模型,并且由反应速率常数可以得到,反应速率由大到小的 CFAC-4 投加量依次为:20 g/L、10 g/L、8 g/L、4 g/L、2 g/L。此时,APAM 降解半衰期可应用式(5.21)进行计算。具体的动力学模型及降解半衰期见表 5.26。

$$\frac{t_1}{2} = \frac{\ln 2}{k_1} \tag{5.21}$$

式中　$\dfrac{t_1}{2}$——降解半衰期，min；

　　　k_1——拟一级降解动力学速率常数，1/min。

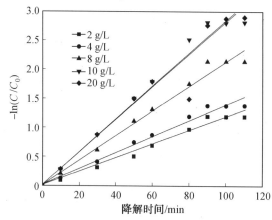

图 5.46　不同 CFAC-4 投加量时的拟一级动力学拟合

表 5.26　不同 CFAC-4 投加量的动力学模型及降解半衰期

粉煤灰投加量/(g·L⁻¹)	速率常数 k_1/(1·min⁻¹)	动力学模型	半衰期/min
2	0.011 4	$\ln C = 5.010\ 6 - 0.011\ 4t$	60.8
4	0.014 1	$\ln C = 5.010\ 6 - 0.014\ 1t$	49.2
8	0.021 3	$\ln C = 5.010\ 6 - 0.021\ 3t$	32.5
10	0.029 0	$\ln C = 5.010\ 6 - 0.029\ 0t$	23.9
20	0.029 1	$\ln C = 5.010\ 6 - 0.029\ 1t$	23.8

从图 5.46 及表 5.26 可知，适当增加 CFAC-4 投加量会促进 APAM 的降解。当 CFAC-4 投加量从 2 g/L 增加到 10 g/L，拟一级降解速率常数从 0.011 4(1/min)增大到 0.029 0(1/min)。但 CFAC-4 投加量增加到 20 g/L 时，APAM 降解速率常数却无显著变化(0.029 1(1/min))，这表明 APAM 去除率不会随着 CFAC-4 投加量的增加而持续增加。当 CFAC-4 投加过量时，一方面较多粉煤灰的存在会增大传质阻力，阻碍·OH 与 APAM 的充分接触；另一方面，大量相继生成的·OH 不能及时有效地扩散到废水中被 APAM 消耗，·OH 之间便进一步反应生成起始物 H_2O_2，从而降低了废水中·OH 浓度；另外，CFAC-4 投加量的变化也会使 APAM 降解半衰期发生明显变化，在研究中的 CFAC-4 投加量范围内，APAM 降解半衰期在 23.8 ～ 60.8 min 之间变化。

3. 不同 H_2O_2 投加量的降解动力学

氧化剂 H_2O_2 是·OH 的来源，直接影响·OH 生成量，进一步影响类 Fenton 反应过程。过多的 H_2O_2 投加量不仅会造成资源的浪费，还会与生成的·OH 反应，从而降低

H_2O_2 利用效率。因此,选择氧化剂 H_2O_2 投加量为 2 mmol/L、6 mmol/L、10 mmol/L 及 14 mmol/L,进行动力学催化降解实验,具体实验结果如图 5.47 所示。

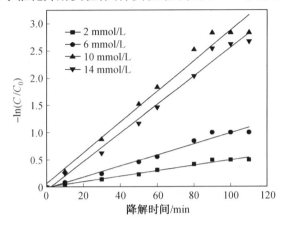

图 5.47　不同 H_2O_2 投加量的拟一级动力学拟合

由图 5.47 可知,在氧化剂 H_2O_2 投加量不同的条件下,CFAC-4 类 Fenton 反应处理模拟含聚污水中的 APAM 均符合拟一级动力学模型,并且由反应速率常数得到反应速率由大到小的 H_2O_2 投加量依次为 10 mmol/L、14 mmol/L、6 mmol/L 及 2 mmol/L。具体动力学模型及降解半衰期见表 5.27。

从表 5.27 可知,当 H_2O_2 投加量为 10 mmol/L 时,APAM 降解反应速率常数最大,为 0.029 0(1/min),低于或高于该投加量时,APAM 降解速率均有所下降,同时 APAM 降解半衰期也会发生明显变化;尤其当 H_2O_2 投加量从 10 mmol/L 降低到 2 mmol/L 时,半衰期从 23.9 min 延长到 138.6 min。总体来说,在合理范围内增大 H_2O_2 投加量会增加·OH 生成量,从而提高含聚污水的处理效果。但当 H_2O_2 投加量过大时,·OH 与 H_2O_2 之间的副反应(式(4.9))开始变得明显,使一部分投加的 H_2O_2 和生成的·OH 在同一时间被无效消耗,限制了·OH 浓度的进一步增加,从而导致废水处理效果没有明显的增加,甚至有所下降。

表 5.27　不同 H_2O_2 投加量的动力学模型及降解半衰期

H_2O_2 投加量/(mmol · L^{-1})	速率常数 k_1/(1 · min^{-1})	动力学模型	半衰期/min
2	0.005 0	$\ln C = 5.010\ 6 - 0.005\ 0t$	138.6
6	0.009 9	$\ln C = 5.010\ 6 - 0.009\ 9t$	70.0
10	0.029 0	$\ln C = 5.010\ 6 - 0.029\ 0t$	23.9
14	0.025 5	$\ln C = 5.010\ 6 - 0.025\ 5t$	27.2

4. 不同初始 pH 的降解动力学

溶液初始 pH 在 Fenton 反应与类 Fenton 反应过程中对 APAM 的催化降解起着不可替代的作用。例如,初始 pH 影响·OH 的产生与分解及类 Fenton 反应过程的进行等。通过单因素实验选定 1.0、2.0、3.0、4.0 和 5.0 这 5 个 pH 进行进一步动力学催化降解实验,具体结果如图5.48所示。

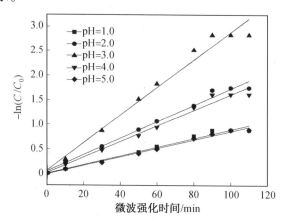

图5.48　不同初始pH时的拟一级动力学拟合

由图5.48可知,在不同的溶液初始pH条件下,CFAC-4类Fenton反应处理模拟含聚污水中APAM均符合一级动力学模型,并且由反应速率常数可以得到,反应速率由大到小依次为pH=3.0、pH=2.0、pH=4.0、pH=1.0、pH=5.0。这也证明了酸性条件有利于Fenton反应与类Fenton反应的进行。具体动力学模型及降解半衰期见表5.28。

从表5.28可知,CFAC-4催化类Fenton体系在初始pH=3.0时催化效果最佳,此时APAM降解反应速率常数最大,为0.0290(1/min),半衰期也最短,为23.9 min;降低或增大初始pH均会在一定程度上降低APAM降解速率常数并延长半衰期。废水初始pH过低时,废水中H^+浓度会较高,如式(5.16)和(5.22)所示,过多的H^+会消耗废水中的·OH,阻碍APAM的氧化降解;另外,过多的H^+也会与H_2O_2反应生成$H_3O_2^+$(式(5.21)),从而阻碍催化剂对H_2O_2的催化作用。而当废水初始pH较高时,浸出到废水中的各种催化性金属元素则会形成氢氧化物沉淀,吸附于CFAC-4表面,一方面降低了液相催化剂的质量浓度,另一方面也覆盖了固相催化剂表面活性点位,妨碍了催化剂表面与H_2O_2的充分接触。

$$H_2O_2+H^+\longrightarrow H_3O_2^+ \tag{5.22}$$

表5.28　不同初始pH的动力学模型及降解半衰期

条件	速率常数k_1/(1·min^{-1})	动力学模型	半衰期/min
pH=1.0	0.008 9	ln C=5.010 6-0.008 9t	77.9
pH=2.0	0.017 4	ln C=5.010 6-0.017 4t	39.8
pH=3.0	0.029 0	ln C=5.010 6-0.029 0t	23.9
pH=4.0	0.016 1	ln C=5.010 6-0.016 1t	43.1
pH=5.0	0.008 6	ln C=5.010 6-0.008 6t	80.6

根据上述三组不同条件下的动力学实验可知,在不同条件下探究CFAC-4类Fenton反应过程处理模拟含聚污水中APAM的降解动力学,均可得出其动力学特征符合一级动力学模型的结果。仅改变其中一个反应条件,拟一级速率常数及模型的符合度会有相应

的改变,从而改变对废水中 APAM 的去除效果,但总体上不会改变所符合的动力学特征的本质。此外,较好的反应条件对应较高的反应速率常数,此时 APAM 的降解半衰期也相对较短。

5. 粉煤灰催化类 Fenton 反应活化能计算

鉴于 CFAC-4 对模拟含聚污水中 APAM 的催化降解反应符合拟一级降解动力学,可利用阿伦尼乌斯方程式(5.10)拟合实验数据,求得 APAM 降解的具体活化能。在最佳反应工艺条件下,分别在 288 K、293 K、298 K、303 K 和 308 K 这 5 种不同温度下进行 CFAC-4 催化降解模拟含聚污水中 APAM 的实验,利用式(5.10)可得到拟一级反应速率常数与反应温度的关系图,具体实验结果如图 5.49 所示。

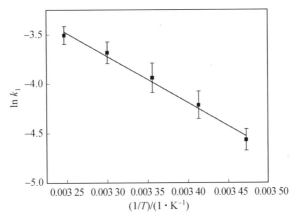

图 5.49　反应速率常数与反应温度的关系

由图 5.49 可知,该直线的斜率为 -4 724.8,因此 $E/R = 4\ 724.8$,则该反应过程的活化能为 $E = 39.28$ kJ/mol。此时进一步得到式(5.23),为接下来求拟一级反应速率常数与反应物之间的具体关系式奠定基础。

$$k_1 = A_0 \cdot e^{\frac{-4\ 724.8}{T}} \tag{5.23}$$

6. APAM 降解动力学模型

式(5.23)中的指前因子 A_0 还受到反应物的种类及反应物浓度的影响,即 A_0 与 CFAC-4 投加量、氧化剂 H_2O_2 投加量有着密切的关联。因此,为了得到确定关联式的具体数值,在 308 K 条件下,改变 CFAC-4 与氧化剂 H_2O_2 投加量,进行多组不同实验条件下的催化降解动力学实验,得到各组实验的拟一级反应速率常数,具体实验条件及结果见表 5.29。

表 5.29　308 K 时的 CFAC-4 和 H₂O₂ 投加量及拟一级反应速率常数

CFAC-4/$(g \cdot L^{-1})$	H₂O₂/$(mmol \cdot L^{-1})$	k_1/$(1 \cdot min^{-1})$
2	10	0.011 5
4	10	0.013 7
8	10	0.021 2
10	10	0.030 1
20	10	0.028 4
10	2	0.005 0
10	6	0.010 2
10	14	0.026 2

根据上述实验分析可知,式(5.23)可以写成式(5.24)形式;同理,在式(5.23)两边取对数,可得到式(5.25)。

$$k = A' \cdot e^{\frac{-4\,724.8}{T}} \cdot CFAC - 4\ 投加量^m \cdot C_{H_2O_2}{}^n \tag{5.24}$$

$$\ln k = \ln A' - 15.34 + m \cdot \ln CFAC - 4\ 投加量 + n \cdot \ln C_{H_2O_2} \tag{5.25}$$

其中,CFAC-4 投加量单位为 g/L;$C_{H_2O_2}$ 为 H₂O₂ 投加量,单位为 mmol/L。

利用表 5.29 中得到的实验数据,代入式(5.25),再用 SPSS 20 软件,进行多变量最小二乘法线性拟合,得到 A'、m 与 n 的数值,具体处理拟合结果见表 5.30,由此得到的拟一级反应速率常数的动力学模型为式(5.26)。

$$k = 4\,355 \cdot e^{-\frac{4\,724.8}{T}} \cdot [CFAC - 4\ 投加量]^{0.411} \cdot C_{H_2O_2}{}^{0.947} \tag{5.26}$$

表 5.30　SPSS 20 处理结果

模型	非标准化系数		标准系数	t	显著性
	B	标准误差			
常量	-6.961	0.389	—	-17.877	0
ln CFAC-4	0.411	0.113	0.461	3.646	0.015
ln H₂O₂	0.947	0.130	0.917	7.256	0.001

根据上述实验结果可知,反应温度对反应速率常数具有显著的影响作用。随着系统反应温度的不断提高,拟一级反应速率常数不断增大,反应速率也有所提高;另外,根据 APAM 降解动力学模型,可以得出在 CFAC-4 参与的类 Fenton 反应降解含聚污水的过程中,对该反应体系影响作用最大的为氧化剂 H₂O₂ 投加量,其次为 CFAC-4 投加量,这说明氧化剂在此类 Fenton 反应过程中起主要作用。因此,后续实验可以从氧化剂 H₂O₂ 投加量方面入手,通过实验提高类 Fenton 反应过程的效率。这也为 CFAC-4 处理降解含聚污水中 APAM 的优化实验提供了一个新的思路。

5.4.4　CFAC-4 催化机理

CFAC-4 处理 APAM 的过程存在催化与吸附两种作用,吸附对照实验表明粉煤灰吸附作用对 APAM 的去除率为 9.0%,主要为催化降解作用。因此,须对具体的粉煤灰催化机理进行探究。

CFAC-4 对含聚污水的催化降解属于多相类 Fenton 反应,与均相 Fe 元素的 Fenton 反应过程相比,多相反应过程解除了 Fe 元素限制,并且粉煤灰中的各种元素,如 Al、Cu、Co、Mn、Pd、Ti、Ni 等,也会释放到溶液中协同辅助类 Fenton 反应过程,从而在某种程度上显著提高 CFAC-4 对 APAM 的处理效果。在最佳反应条件下,测得类 Fenton 反应结束后,溶液中浸出的 Fe 元素总质量浓度为 8.66 mg/L,因此,探究均相催化作用实验机理时,分别进行两组投加 Fe^{2+} 及 Fe^{3+} 的降解实验,即 Fe^{2+} 和 Fe^{3+} 的添加量均为 8.66 mg/L,以此代替 CFAC-4 的投加。得到各自的反应时间曲线与处理效果如图 5.50 所示。

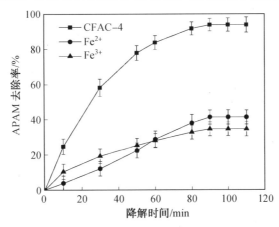

图 5.50　不同催化剂催化的均相和多相类 Fenton 体系对 APAM 的氧化分解对比

根据图 5.50 可知,相比均相催化反应过程,多相类 Fenton 反应具有显著的降解优势,即 CFAC-4 对模拟含聚污水的降解效果最好,APAM 残留质量浓度为 8.85 mg/L,APAM 去除率可达到 94.1%。对于 Fe^{2+} 均相催化反应,APAM 残留质量浓度为 87.88 mg/L,APAM 去除率为 41.4%;对于 Fe^{3+} 均相催化反应,APAM 残留质量浓度为 97.98 mg/L,APAM 去除率为 34.7%。

两种均相催化过程相比,Fe^{2+} 均相催化反应效果较好,APAM 去除率比 Fe^{3+} 的处理效果高 7% 左右。但从图 5.50 反应速率的变化趋势可以看出,CFAC-4 多相催化反应过程与 Fe^{3+} 均相催化反应过程具有相似性。两者在前半阶段的反应速率均较快,尤其在前 30 min 最为迅速;而 Fe^{2+} 均相催化过程在起始阶段反应较慢,相反在 40 min 之后反应速率变快;另外,三种催化降解反应过程均在 80 min 之后反应速率逐渐达到平缓,APAM 降解过程基本完成。这说明 Fe^{3+} 均相催化反应过程属于 CFAC-4 多相催化反应的一个近似子过程,这也与很多研究人员的研究结果相似。

有所不同的是,在反应的起始阶段,CFAC-4 多相催化反应与 Fe^{3+} 均相催化反应过程在起始阶段没有经过一个较慢的预反应阶段,而是以较快速度参与催化降解。原因在于在酸性条件下,粉煤灰的加入使污染物 APAM 突然获得降解来源,并且酸可以快速腐蚀粉煤灰表面,使其释放出类 Fenton 反应所需要的 Fe 及其他各种活性组分,催化作用与吸附作用同时进行,显著加快了对废水中污染物 APAM 的降解,因此起始阶段有较快的反应速率。后续随着 Fe 等金属元素的浸出,粉煤灰表面的吸附点位有所减少,反应速率开始变缓,并且随着·OH 的进一步消耗,反应速率最终会趋于平缓甚至终止。而在 Fe^{3+} 均相催化反应过程中,加入的 Fe^{3+} 与氧化剂 H_2O_2 反应生成复合物 $Fe(HO_2)^{2+}$,并且相继生成 H^+,如化学式(5.27)所示。H^+ 的生成进一步强化了溶液的酸性环境条件,使 Fenton 反应过程得以顺利进行。接下来复合物进一步分解形成 Fe^{2+},发生 Fenton 降解过程。后续随着氧化剂·OH 的消耗及溶液初始 pH 的升高,氧化降解过程变缓并逐渐停止,反应结束。因此,Fe^{3+} 均相催化反应在开始阶段具有较快的反应速率。

$$Fe^{3+}+H_2O_2 \longrightarrow Fe(HO_2)^{2+}+H^+ \qquad (5.27)$$

CFAC-4 多相催化效果优于均相催化效果的原因如下:①CFAC-4 中多种元素(如 Al、Cu、Co 和 Mn)浸出协助类 Fenton 反应过程;②粉煤灰的吸附作用;③粉煤灰异相表面的催化作用。

综上所述,CFAC-4 多相催化反应过程与 Fe^{3+} 均相催化反应过程具有相似性,且均相反应过程占多相催化反应过程的 36.9%,可见粉煤灰异相催化反应过程占据主要作用。

5.4.5　微波预强化机理

微波作为电磁波的一种,其产生的电磁能可以直接辐射到介质当中,实现较高的传热效率,从而使被加热物质受热均匀、快速升温;另外,在酸性或中性条件下,氧化剂 H_2O_2 可在微波的强化照射下更快地分解生成·OH,从而辅助处理模拟含聚污水中的 APAM,即微波对·OH 具有较好的促进作用,在原先基础上可以加快促进·OH 的生成,对 CFAC-4 与 H_2O_2 发生的类 Fenton 反应过程起到强化辅助作用。

·OH 能够与对苯二甲酸在一定的反应条件下,反应生成具有特征性荧光物质,即 2-羟基对苯二甲酸。根据此反应原理,设定激发波长为 315 nm 及发射波长为 425 nm,在不同时刻测定 2-羟基对苯二甲酸的荧光强度,可根据特征峰处的信号强度对比不同微波功率与恒温反应时间条件下对·OH 的生成促进情况,具体结果如图 5.51 所示。

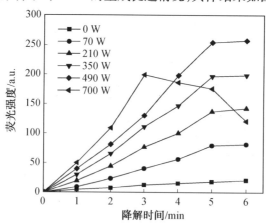

图 5.51　不同微波功率对·OH 生成的影响

从图 5.51 可知,微波对·OH 生成数量与速度起着重要的促进作用,微波强化促进体系中投加的氧化剂 H_2O_2 分解,从而加快产生·OH。在不加微波辐射时,随着时间的延长，·OH 生成量增加缓慢，而微波存在的情况下，·OH 生成速率有明显的提升。一般地，在较短时间内，适当的微波功率可促进·OH 迅速生成，并且微波功率越高，·OH 生成数量越多、生成速度越快。当微波功率为 490 W 时，对·OH 促进生成效果最好，且在前 5 min 内，随着微波强化作用时间的延长，·OH 生成量不断增加；而后续·OH 生成量随着作用时间的增加却变化不大。当微波功率从 0 W 增加到 700 W 过程中，在前 3 min 内，·OH 生成量迅速增加，后续随着时间延长，·OH 生成量不升反降。这再次表明，过大的微波辐射功率会促进氧化剂 H_2O_2 的无效分解，降低对·OH 利用效率。具体表现为·OH 与 H_2O_2 之间的副反应开始变得明显，使一部分投加的 H_2O_2 和生成的·OH 在同一时间被无效消耗，从而限制了·OH 浓度的进一步增加。

因此，CFAC-4 处理模拟含聚污水的最佳微波功率为 490 W，与之前实验的研究结果一致；另外，对于微波的强化机理，也有研究表明，在微波的强化作用下，CFAC-4 释放到反应体系中的其他元素可能会协同微波强化作用改变·OH 生成路径，对于其具体机理需做进一步研究。

如前所述，在最佳反应条件下，测得类 Fenton 反应结束后溶液中浸出的 Fe 元素总质量浓度为 8.66 mg/L。因此，单纯投加 8.66 mg/L Fe^{3+} 替代 CFAC-4 作为反应物进行对照实验，其余的物质条件不变，仍在最佳反应条件下测定·OH 的生成情况，具体实验结果如图 5.52 所示。

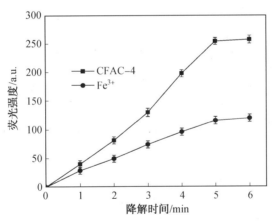

图 5.52　CFAC-4 与 Fe^{3+} 对·OH 生成量影响的对比

从图 5.52 可知，在微波强化作用下，以 Fe^{3+} 替代 CFAC-4 作为类 Fenton 反应的反应物，对·OH 生成的促进作用不如 CFAC-4 作为反应物时的效果显著；另外，在 Fe^{3+} 对照实验组，·OH 生成速率增加不明显，基本保持较匀速的速率增加，而 CFAC-4 实验组有一个明显的速率增加过程，后续逐渐达到平缓状态。在反应起始阶段，例如，微波强化作用 1 min 时，Fe^{3+} 对照组与 CFAC-4 实验组荧光强度的比值为 28.72/39.89，当强化时间为 6 min 时，二者的比值为 119.98/257.08。这表明随着微波强化作用时间的增加，CFAC-4 在反应过程中释放到溶液中的各类金属元素对·OH 的产生起到了不可忽略的促进作用，具体的作用机理可由式(4.9)和式(5.28)～式(5.31)表示。其中，M 与 M^+ 分别表示金属表面不带电与带电的部分。

$$M+H_2O_2 \longrightarrow M^+ + \cdot OH + OH^- \tag{5.28}$$

$$M^+ + O_2^- \longrightarrow M + O_2 \tag{5.29}$$

$$HO_2 \cdot + M \longrightarrow M^+ + HO_2^- \tag{5.30}$$

$$M^+ + HO_2^- \longrightarrow M + HO_2 \cdot \tag{5.31}$$

在上述反应式中,氧化剂 H_2O_2 的主要作用是参与 CFAC-4 中金属表面的氧化分解, $\cdot OH$ 的快速产生依托于类似传统 Haber-Weiss 机理的机理,对 $\cdot OH$ 的生成起到促进作用。再结合 Fe^{3+} 对照实验,可以分析出对照组没有明显 $\cdot OH$ 生成速率提升的原因,是因为该类 Fenton 反应过程只有单一的 Fe 元素参与,而 CFAC-4 实验组在反应进行过程中有多种金属元素浸出,如 Al、Cu、Co、Mn、Pd、Ti 和 Ni 均可以发生上述反应,从而协助促进 $\cdot OH$ 产生,改变 $\cdot OH$ 的单一生成路径,且生成量也远远大于 Fe^{3+} 对照组,具体表现为荧光强度显著大于 Fe^{3+} 对照组。

另外,CFAC-4 中高价过渡态的金属元素存在未被占据的轨道,可以接受孤对电子,因此还可以与 Fe 元素发生反应,进一步生成复杂化合物,此复杂化合物可以进一步分解,也可以生成 $\cdot OH$ 协同促进类 Fenton 反应过程,增加了 $\cdot OH$ 的生成路径。

同时,粉煤灰中浸出金属元素的环境安全性也应纳入考虑范围。通过对文献的总结,主要的 5 种微量重金属元素(Cu、Zn、Cr、Pb 和 Cd)在实验中的浸出质量浓度最高值分别为 0.181 μg/mL、0.236 μg/mL、0.395 μg/mL、0.028 μg/mL 和 2.47 ng/mL,低于《城镇污水处理厂污染物排放标准》(GB 18918—2002)所规定的限值。因此,针对本研究中 CFAC-4 的投加量,粉煤灰中浸出的各类金属元素对水体等环境的危害性可以忽略。

综上所述,微波不仅对 $\cdot OH$ 的生成具有强化促进作用,并且通过 CFAC-4 中浸出金属元素的协同作用,增加 $\cdot OH$ 的生成路径,从而更好地促进 $\cdot OH$ 生成,进一步提高对废水中 APAM 的处理效果。

5.4.6 微波强化与 APAM 去除率的相关性

考查微波功率、$\cdot OH$ 生成量及 APAM 去除率之间的相关性,利用 SPSS 20 软件对实验结果进行处理分析,得到的相关性分析结果见表 5.31。

通过对微波强化作用与 APAM 去除率的相关性分析可以得出,对 APAM 去除率有显著影响的是 $\cdot OH$ 生成量,相关性系数的取值可以达到 0.962;其次是微波功率,相关性系数的取值为 0.906。这也正说明了微波强化作用可以更好地促进 $\cdot OH$ 的快速生成,增加 $\cdot OH$ 生成量,而生成的 $\cdot OH$ 直接参与类 Fenton 反应过程,从而直接降解含聚污水中的污染物 APAM;另外,微波功率与 $\cdot OH$ 生成量之间的相关性系数的取值为 0.798,二者之间也具有强的相关性,即微波具有辅助强化类 Fenton 反应的作用。

表 5.31 微波强化与 APAM 去除率的相关性分析

项目	微波功率	$\cdot OH$ 生成量	APAM 去除率
微波功率	1	0.798	0.906*
$\cdot OH$ 生成量	0.798	1	0.962**
APAM 去除率	0.906*	0.962**	1

注:* 表示在 0.05 水平(双侧)上显著相关;** 表示在 0.01 水平上显著相关。

综上所述,微波功率与·OH 生成量均对 APAM 去除率有明显的影响作用,后者与去除率的联系更为紧密,而微波的强化作用在促进·OH 生成的基础上,可进一步促进 APAM 的降解。

类 Fenton 过程包括多相和均相类 Fenton 过程。用固体催化剂代替 Fenton 试剂中的 Fe^{2+}可以建立非均相的类 Fenton 过程,而均匀的类 Fenton 过程则是其他金属离子或金属离子有机配体配合物和 H_2O_2 的结合。在类 Fenton 体系中,pH、H_2O_2浓度、催化剂投加量和反应温度对其氧化能力有显著影响,因此须对其进行广泛的研究并对这些参数进行系统的介绍和分析。

5.5　微波强化-粉煤灰原灰催化类 Fenton 脱色 RhB 废水

5.2 节介绍了 AO7 在硫酸活化粉煤灰催化类 Fenton 体系中的降解情况。本节继续以染料(RhB)为目标污染物,以粉煤灰原灰(CFAC-5)为类 Fenton 催化剂,与 H_2O_2 组成类 Fenton 体系,在微波强化作用下,氧化脱色 RhB 模拟废水。本节研究内容包括 CFAC-5 的表征、不同氧化体系性能比较与分析、微波强化-CFAC-5 催化类 Fenton 体系自由基重要性、CFAC-5 吸附性研究、RhB 的脱色条件、脱色动力学和降解途径研究及 CFAC-5 应用可行性分析。

5.5.1　CFAC-5 的表征

CFAC-5 的 BET 测试结果见表 5.32。从表 5.32 可以看出,CFAC-5 的平均孔径为 4.89 nm,孔体积为 0.045 cm^3/g,比表面积为 12.8 m^2/g。CFAC-5 的表面特征如图 5.53(a)、5.53(b)和 5.53(c)所示,CFAC-5 表面呈现出不同的形貌特征,即多孔表面、凹凸不平表面和光滑表面。可以得出 12.8 m^2/g 的比表面积主要由多孔表面和凹凸不平的表面所贡献。

表 5.32　新 CFAC-5 和使用 6 次的 CFAC-5 的 BET 测试结果

项目	比表面积/($m^2 \cdot g^{-1}$)	孔体积/($cm^3 \cdot g^{-1}$)	平均孔径/nm
新 CFAC-5	12.8	0.045	4.89
使用 6 次的 CFAC-5	11.2	0.041	5.08

CFAC-5 的化学成分见表 5.33 所示。从中可以看出,CFAC-5 中的 Si、Al 和 Fe 三种元素氧化物的质量分数均大于 5%,而其他金属氧化物的质量分数则小于 0.08%,甚至小于 0.008%。鉴于 CFAC-5 中含有 Fe 和其他过渡金属氧化物(如 Pb、Cu、Zn 和 Mn),可以推断 CFAC-5 具备一定的类 Fenton 催化能力。根据图 5.54,CFAC-5 中主要晶体成分为石英、莫来石和磁铁矿。

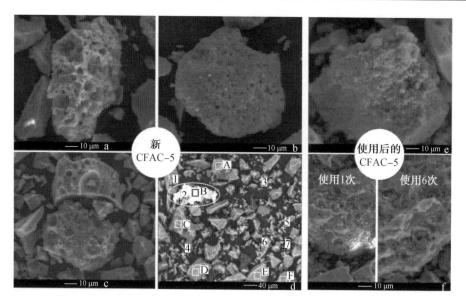

图 5.53　CFAC-5 的 SEM 图片

a、b、c—未使用的 CFAC-5 的 SEM 图像;d—未使用的 CFAC-5 的 SEM-BSE 图像;e—在不加入 H_2O_2
时使用后的 CFAC-5 的 SEM 图像;f—在加入 H_2O_2 时使用后的 CFAC-5 的 SEM 图像

表 5.33　CFAC-5 中的化学成分及质量分数　　　　　　　　　　%

成分	SiO_2	Al_2O_3	Fe_2O_3	PbO	CuO	ZnO	MnO
质量分数	58.4	26.9	5.9	0.003 8	0.006 6	0.007 2	0.079 1

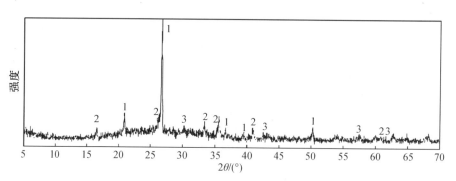

图 5.54　CFAC-5 的 XRD 图谱
1—石英;2—莫来石;3—磁铁矿

　　CFAC-5 中催化性金属元素的分布情况如图 5.53(d)所示。CFAC-5 颗粒某一区域
的亮度表示原子序数的大小,即颜色越亮表示该区域综合原子序数越大,如区域 B 是整
个图片中亮度最大的地方,表明该区域综合原子序数最大。根据测定结果,在区域 B 中
Fe 占 71.25%,其他原子序数较低的元素只占 28.75%(表 5.34)。然而,通过仔细对比,
可以发现图 5.53(d)中大部分区域亮度相差不大,表明元素成分较为相似,从表 5.34 和
表 5.35 可以看出,不包括区域 B 的另外 5 个区域和 7 个点位中元素成分较为相似。因

此,可以得出 Fe 遍布 CFAC-5 颗粒表面,区别在于个别区域较多,大部分区域分布量较少且差距不大。

表 5.34　CFAC-5 表面不同区域金属元素的分布及质量分数　　　　　%

元素	A	B	C	D	E	F
Mg	01.03	01.15	00.52	00.82	01.16	01.24
Al	30.92	05.95	36.57	23.78	21.27	22.81
Si	50.33	08.07	54.55	57.02	58.38	56.41
K	04.20	00.47	01.89	04.08	04.30	04.62
Ca	07.29	00.74	02.49	05.71	06.31	06.53
Cr	—	01.71	—	—	00.46	—
Mn	—	10.66	—	—	00.40	—
Fe	06.23	71.25	03.97	08.59	07.73	08.40

表 5.35　CFAC-5 表面不同点位金属元素的分布及质量分数　　　　　%

元素	1	2	3	4	5	6	7
Mg	1.22	0.92	2.78	1.24	1.74	1.47	1.70
Al	23.91	17.30	18.94	21.41	26.50	22.56	24.69
Si	58.66	37.17	45.84	55.82	49.84	62.96	56.06
K	3.35	2.18	1.43	5.04	5.77	03.98	4.71
Ca	4.56	2.72	15.94	7.66	7.43	4.62	5.48
Cr	—	1.14	—	—	—	0.14	—
Mn	—	4.69	—	—	—	0.22	—
Fe	8.29	32.61	15.06	8.84	8.72	4.05	7.37

如图 5.55 所示,CFAC-5 颗粒表面 Al、Si、S、C、Ca 和 O 表现出明显且很强的峰,Fe 和 Mn 的峰较弱,二者的图谱如图 5.56 所示。从中可以看出,Fe2p 和 Mn2p 均通过自旋-轨道分裂为两个峰。如图 5.56(a)所示 $Fe2p_{3/2}$ 的结合能(710.8 eV)和两个峰之间的距离(13.5)表明 Fe 的存在价态为+3 价,具体化合物形式为 Fe_2O_3。采用相同的分析方法,可以从图 5.56(b)中看出,Mn 的存在价态为+4 价,具体化合物形式为 MnO_2。至于表 5.33 中列出的其他催化性金属元素,由于其浓度低于仪器检测限值,此处并未进行分析。

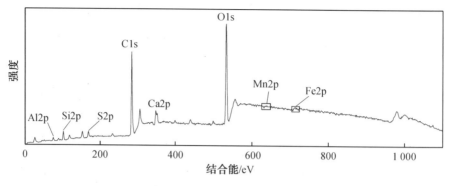

图 5.55　CFAC-5 的 XPS 图谱

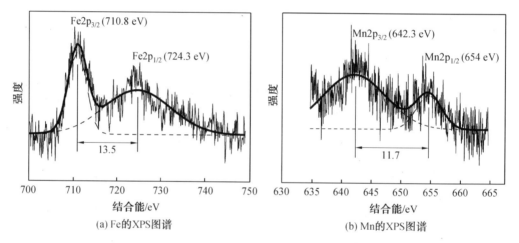

(a) Fe的XPS图谱　　　　　　　　　　　(b) Mn的XPS图谱

图 5.56　CFAC-5 中 Fe 和 Mn 的 XPS 图谱

基于上述分析可知,CFAC-5 颗粒表现出一定的类 Fenton 催化潜力,其较大的比表面积也有利于表面催化的进行。

5.5.2　不同氧化体系性能比较

图 5.57 显示的是不同的微波强化系统和类 Fenton 系统氧化性能的对比。从图 5.57 可以看出,微波-H_2O_2 体系中·OH 生成量几乎为 0,表明微波能量较低,无法打开 H_2O_2 化学键;另外,两个传统加热条件(水浴)下的 CFAC-5-H_2O_2 体系中·OH 生成量不同且差距较为明显,主要由温度不同所致。

通过对比微波强化-CFAC-5 催化类 Fenton 体系(293~326 K)和传统加热-CFAC-5 催化类 Fenton 体系(326 K),可以看出,微波强化体系中·OH 生成量在初始阶段较低,但在 9 min 后超过传统加热体系,这主要与初始阶段微波强化体系温度较低有关,但 9 min 时的反超可能与微波的热点效应和非热效应有关(图 5.58)。

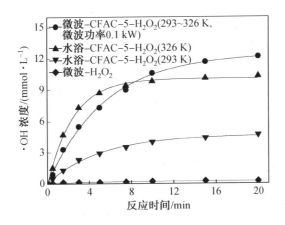

图 5.57　不同类 Fenton 体系中·OH 浓度的对比

（实验条件：CFAC-5 投加量 = 15 g/L，$C_{H_2O_2}$ = 2 mmol/L）

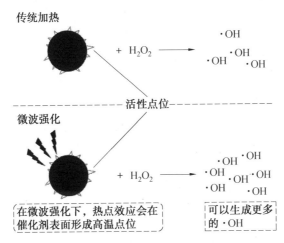

图 5.58　传统加热与微波加热的对比

5.5.3　微波强化-CFAC-5 催化类 Fenton 体系自由基重要性

研究证实粉煤灰催化类 Fenton 处理有机废水依靠的是生成的·OH，而 HO_2· 和 O_2·⁻ 也是附带生成的另外两种氧化性基团。本小节采用添加自由基淬灭剂的方式考查这三种自由基在本研究中的重要性，其中异丙醇作为·OH 淬灭剂，对苯醌作为 HO_2·/O_2·⁻ 淬灭剂。

如图 5.59 所示，异丙醇和对苯醌的加入可以引起 RhB 去除效果的显著下降。在不加入自由基淬灭剂的情况下，处理 20 min 后 RhB 去除率可以达到 92.0%。然而，当分别加入 1 mmol/L 的异丙醇和 1 mmol/L 的对苯醌后，RhB 去除率分别降低到 18.1% 和 71.1%，这表明类 Fenton 体系中·OH 起主要作用，而 HO_2·/O_2·⁻ 对有机物的氧化作用则次之；另外，当同时加入异丙醇和对苯醌时，RhB 的降解受到了完全的抑制，处理 20 min 后 RhB 去除率仅为 5.4%，这说明·OH 和 HO_2·/O_2·⁻ 是体系中主要的氧化物。5.4% 的色度去除率可能由 CFAC-5 的吸附作用引起。

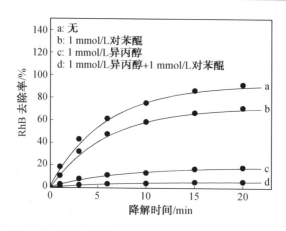

图 5.59　微波强化类 Fenton 体系中的自由基湮灭测试

5.5.4　CFAC-5 吸附性

在具体考查微波-CFAC-5 催化类 Fenton 体系的氧化效果之前,应首先明确 CFAC-5 吸附性的影响,本小节对 CFAC-5 的吸附动力学和吸附热力学进行了研究。

1. 吸附动力学

在不向体系中添加 H_2O_2 的情况下,考查 RhB 在 CFAC-5 表面的吸附平衡时间,进而考查吸附动力学。如图 5.60 所示,吸附过程在 240 min 左右会基本达到平衡状态。需要注意的是,在 20 min 时的吸附量为 0.185 mg/g,即依靠 CFAC-5 的吸附过程,RhB 去除率可达 27.8%;相对比下,在微波功率和 H_2O_2 投加量均不为 0 的情况下,RhB 去除率可达到 90.0% 以上(图 5.59)。因此,可以认为 CFAC-5 的吸附过程对色度具有一定去除作用。然而,在实际的微波强化类 Fenton 体系中,因为·OH 会不断氧化 CFAC-5 表面吸附的 RhB,使吸附过程对色度去除率无法达到 27.8%。通过 SEM 图片可以看出,在不投加 H_2O_2 的情况下,CFAC-5 表面会被 RhB 所覆盖(图 5.53(e)),而当 H_2O_2 存在时,CFAC-5 表面却较为清洁(图 5.53(f))。因此,在微波强化类 Fenton 体系中,CFAC-5 的催化性能起主要作用,而吸附性则起次要作用。

2. 吸附热力学

在 CFAC-5 投加量为 15 g/L,温度为 293 K 的条件下,考查 RhB 在 CFAC-5 表面的吸附热力学。为了保证吸附能够达到平衡状态,整个吸附过程持续 240 min,实验结果如图 5.61(a)所示。采用 Langmuir 模型(式(4.15))和 Freundlich 模型(式(4.16))对图 5.61(a)中的数据进行拟合,拟合结果分别如图 5.61(b)和 5.61(c)所示。从图 5.61 可以看出,吸附数据与 Langmuir 模型拟合较好,可通过计算得出 q_s 为 0.637 mg/g。

本研究中 CFAC-5 的最大吸附量和前人发表的吸附剂最大吸附量见表 5.36,可以看出,与合成的吸附剂相比,CFAC-5 的最大吸附量最小。然而,本研究聚焦的是 CFAC-5 的催化性能,吸附性起辅助作用,0.637 mg/g 的最大吸附量足以激发 RhB 在 CFAC-5 表面的氧化过程。

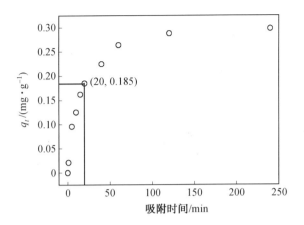

图 5.60　RhB 在 CFAC-5 表面的吸附动力学曲线

(实验条件:CFAC-5 投加量=15 g/L,C_{RhB}=10 mg/L,$C_{H_2O_2}$=0 mmol/L,P_{MW}=0 kW)

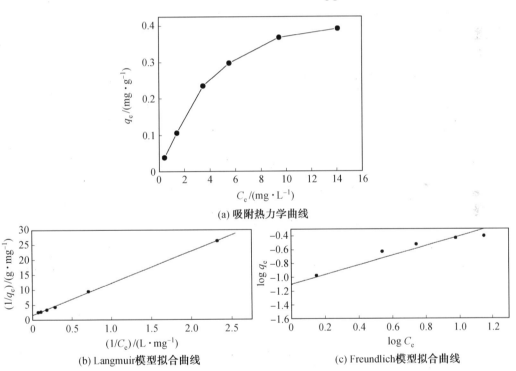

(a) 吸附热力学曲线

(b) Langmuir模型拟合曲线　　　　(c) Freundlich模型拟合曲线

图 5.61　RhB 在 CFAC-5 表面的吸附情况

表 5.36　CFAC-5 的最大吸附量与已发表的不同吸附剂的对比

序号	吸附剂	吸附质	$q_s/(\text{mg} \cdot \text{g}^{-1})$
1	CFAC-5	罗丹明 B	0.637
2	聚乙烯亚胺改性的废茶叶	活性黑 5	71.90
		甲基橙	62.11
3	氧化镁覆盖的多层石墨烯包覆的富勒土	酸性蓝 9	37.70
		番红	201.10
4	$CeO_2 \cdot xH_2O$	酸性红 14	540.00
5	带有氧化石墨烯夹层的蒙脱石纳米复合材料	结晶紫	746.27
6	沉积于纤维载体上的壳聚糖纳米颗粒	阴离子染料	300 ~ 1 050

5.5.5　RhB 的降解工艺优化与降解动力学研究

1. 废水脱色条件研究与优化

本小节利用式(5.32) ~ 式(5.34)分别研究微波功率、H_2O_2 浓度和 CFAC-5 投加量对废水脱色的影响。由于 pH 的均匀变化并不代表 H^+ 浓度的均匀变化,如当 pH 从 2.0 变为 3.0 和从 3.0 变为 4.0,虽然 pH 变化数值均为 1.0,但 H^+ 浓度的变化却不相等,分别从 1×10^{-2} mol/L 变为 1×10^{-3} mol/L,从 1×10^{-3} mol/L 变为 1×10^{-4} mol/L。因此,无法利用与式(5.32) ~ 式(5.34)相似的方程式考查 pH 的影响。

$$s_{P_{MW}} = (\delta_{P_{MWn}} - \delta_{P_{MWm}})/(n - m) \tag{5.32}$$

$$s_{H_2O_2} = (\delta_{[H_2O_2]_q} - \delta_{[H_2O_2]_p})/(q - p) \tag{5.33}$$

$$s_{CFAC-5} = (\delta_{[CFAC-5]_b} - \delta_{[CFAC-5]_a})/(b - a) \tag{5.34}$$

式中　$s_{P_{MW}}$——单位微波功率的效能,1/kW;

　　　$s_{H_2O_2}$——单位 H_2O_2 投加量的效能,L/mmol;

　　　s_{CFAC-5}——单位 CFAC-5 投加量的效能,L/g;

　　　$\delta_{P_{MWn}}$——RhB 废水在 $P_{MW} = n$ kW 下的色度去除率;

　　　$\delta_{P_{MWm}}$——RhB 废水在 $P_{MW} = m$ kW 下的色度去除率;

　　　$\delta_{[H_2O_2]_q}$——RhB 废水在 H_2O_2 浓度 $= q$ mmol/L 下的色度去除率;

　　　$\delta_{[H_2O_2]_p}$——RhB 废水在 H_2O_2 浓度 $= p$ mmol/L 下的色度去除率;

　　　$\delta_{[CFAC-5]_b}$——RhB 废水在 CFAC-5 投加量 $= b$ g/L 下的色度去除率;

　　　$\delta_{[CFAC-5]_a}$——RhB 废水在 CFAC-5 投加量 $= a$ g/L 下的脱色率。

对于废水处理效果,鉴于不少研究中污染物的最大去除率一般都在 90.0% 左右,本研究将废水色度去除率的标准定为 90.0%,这有助于与其他研究结果进行对比。值得注意的是,在实际工程应用中废水处理效果应满足当地政策或规定的相关标准。对于 H_2O_2 投加量的大致范围,根据式(5.35)可以确定完全氧化矿化 1 mol 的 RhB 需要的 H_2O_2 理论量为 73 mol;对于 CFAC-5 投加量和微波功率的大致范围,本小节利用实验手段进行探索;对于 pH 的大致范围,本小节根据经典 Fenton 体系的最佳 pH 范围(pH=3.0)确定。

$$C_{28}H_{31}ClN_2O_3 + 73H_2O_2 \longrightarrow 28CO_2 + 87H_2O + HCl + 2HNO_3 \quad (5.35)$$

如图 5.62(a)所示,当微波功率从 0.05 kW 增加到 0.1 kW 时,$s_{P_{MW}}$ 持续增加,此时,RhB 废水的色度去除率在 91.0% 以上(图 5.63(a)),这表明从处理效果和处理费用两个角度看,0.1 kW 均可作为最佳的微波功率。可以预测更高的微波功率能取得更好的废水脱色效果,但废水温升和能耗也会更高,为了节约能源,避免处理费用过高和环境热污染,微波功率必须控制在合理范围内。

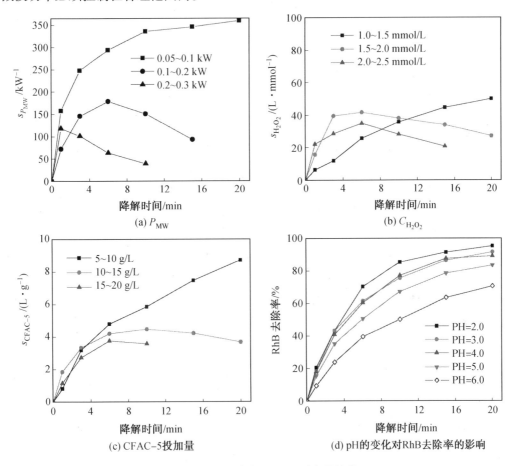

图 5.62　不同条件对 RhB 脱色的效能

如图 5.62(b)和 5.62(c)所示,当 H_2O_2 浓度从 1.0 mmol/L 增加到 1.5 mmol/L,当 CFAC-5 投加量从 5 g/L 增加到 10 g/L,$s_{H_2O_2}$ 与 s_{CFAC-5} 均呈现不断增加状态。然而,此时的废水色度去除率仅分别为 78.1%(H_2O_2 浓度 = 1.5 mmol/L)和 73.2%(CFAC-5 投加量 = 10 g/L)(图 5.64(a)和图 5.65(a))。这表明 1.5 mmol/L 的 H_2O_2 和/或 10 g/L 的 CFAC-5 无法取得 90.0% 的色度去除率。鉴于 2.0 mmol/L H_2O_2 和 15 g/L 的 CFAC-5 色度去除率均在 91.0% 以上,本研究分别选择这两个值作为最佳值。需要注意的是,这两个最佳值为技术指标最佳值,而非经济指标最佳值,因为在反应时间为 20 min 时,1.5 ~ 2.0 mmol/L 时的 $s_{H_2O_2}$ 和 10 ~ 15 g/L 时的 s_{CFA-5} 低于 1.0 ~ 1.5 mmol/L 和 5 ~ 10 g/L 时的

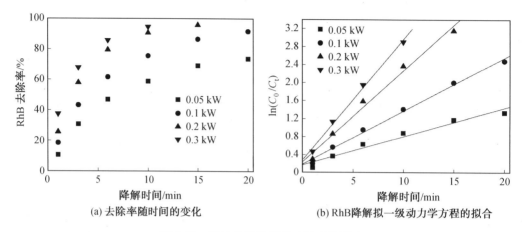

(a) 去除率随时间的变化　　　　　　(b) RhB降解拟一级动力学方程的拟合

图 5.63　微波功率对 RhB 去除率的影响

值。更高的 H_2O_2 投加量(2.5 mmol/L)和 CFAC-5 投加量(20 g/L)会获得更高的废水色度去除率,但也会引起一系列的副反应(式(4.9)、式(5.36)和式(5.37)),从而进一步降低 $s_{H_2O_2}$ 和 s_{CFAC-5}。

$$M^{n+1} + H_2O_2 \longrightarrow M^n + HO_2 \cdot + H^+ \tag{5.36}$$

$$\cdot OH + HO_2 \cdot \longrightarrow H_2O + O_2 \tag{5.37}$$

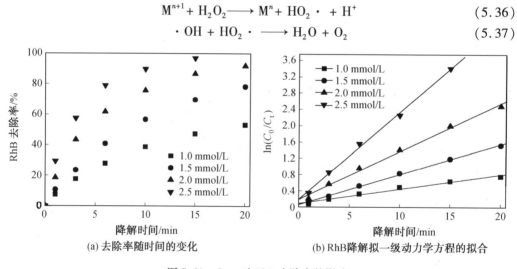

(a) 去除率随时间的变化　　　　　　(b) RhB降解拟一级动力学方程的拟合

图 5.64　$C_{H_2O_2}$ 对 RhB 去除率的影响

如图 5.62(d)所示,在 pH 在 2.0 ~ 4.0 之间,反应时间为 20 min 时,色度去除率可达到 90.0% 以上,最佳的 pH 范围定为 2.0 ~ 4.0,在不同 pH 条件下 RhB 氧化降解的拟一级动力学拟合结果如图 5.66 所示。

2. RhB 降解动力学研究

利用式(5.3)对 RhB 氧化降解数据进行拟合,结果如图 5.63(b)、图 5.64(b)、图 5.65(b)和图 5.66 所示。从中可以看出,$\ln(C_0/C_t)$ 与 t 具有良好的线性关系,这说明 RhB 的氧化降解符合拟一级动力学规律。

在处理 RhB 废水的过程中,需要将 H_2O_2 浓度、CFAC-5 投加量和 RhB 质量浓度同时考虑在内,这三个因素均对色度去除率具有显著影响。RhB 降解的本征动力学模型如式

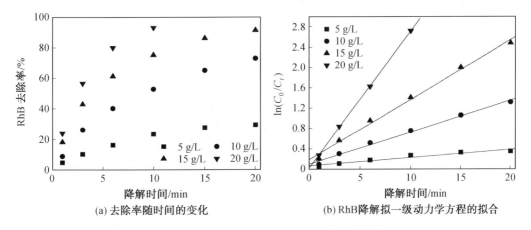

(a) 去除率随时间的变化　　　(b) RhB 降解拟一级动力学方程的拟合

图 5.65　CFAC-5 投加量对 RhB 去除率的影响

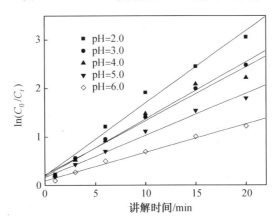

图 5.66　不同 pH 条件下 RhB 氧化降解的拟一级动力学拟合结果

(5.38)所示：

$$- \mathrm{d} C_{\mathrm{RhB}} / \mathrm{d}t = k \cdot C_{\mathrm{RhB}}^{m} \cdot C_{\mathrm{H_2O_2}}^{n} \cdot C_{\mathrm{CFAC-5}}^{p} \tag{5.38}$$

式中　k——污染物降解本征动力学速率常数(单位由 RhB 质量浓度、H_2O_2 浓度、CFAC-5
投加量和 m、n、p 的具体值而定)。

　　鉴于 RhB 的降解符合拟一级表观动力学,故 m 值为 1。因此,联式(5.2)和式
(5.38),得出式(5.39)：

$$k_1 = k \cdot C_{\mathrm{H_2O_2}}^{n} \cdot C_{\mathrm{CFAC-5}}^{p} \tag{5.39}$$

　　在废水处理过程中,CFAC-5 投加量并未发生变化,令 $k_{\mathrm{CFAC-5}} = k \cdot C_{\mathrm{CFAC-5}}^{p}$,则

$$k_1 = k_{\mathrm{CFAC-5}} \cdot C_{\mathrm{H_2O_2}}^{n} \tag{5.40}$$

　　根据式(5.40),利用表 5.37 中的第一组数据进行拟合后,n 值为 1.89($R^2 = 0.9906$);根据式(5.39),利用表 5.37 中的第二组数据进行拟合后,k 值为 1.76×10^{-4},p
值为 1.97($R^2 = 0.9917$)。因此,式(5.40)可以写成式(5.41)的形式：

$$- \frac{\mathrm{d} C_{\mathrm{RhB}}}{\mathrm{d}t} = 1.76 \times 10^{-4} \cdot C_{\mathrm{RhB}} \cdot C_{\mathrm{H_2O_2}}^{1.89} \cdot C_{\mathrm{CFAC-5}}^{1.97} \tag{5.41}$$

从式(5.41)可以看出,H_2O_2 浓度和 CFAC-5 投加量的重要性基本相同,因为它们具备相似的指数(1.89 与 1.97);另外,由于 H_2O_2 浓度和 CFAC-5 投加量的反应基数不为 1,它们在微波强化类 Fenton 体系中所起的作用更加复杂。

表 5.37　在微波强化类 Fenton 体系中 RhB 降解的拟一级表观动力学速率常数

CFAC-5 投加量/(g·L^{-1})	15				5	10	15	20
H_2O_2 投加量/(mmol·L^{-1})	1	1.5	2	2.5	2			
k_1/(1·min^{-1})	0.036	0.075	0.118	0.214	0.016	0.063	0.118	0.270

注:浅灰色背景部分数据为第一组数据;深灰色背景部分数据为第二组数据。

5.5.6　RhB 的降解途径

任何一种有机污染物降解的中间产物都可能具备一定的生物毒性,并对收纳水体产生二次污染。本小节考查了 RhB 在微波强化-CFAC-5 催化类 Fenton 体系中的降解途径,RhB 的分子结构如图 5.67 所示。

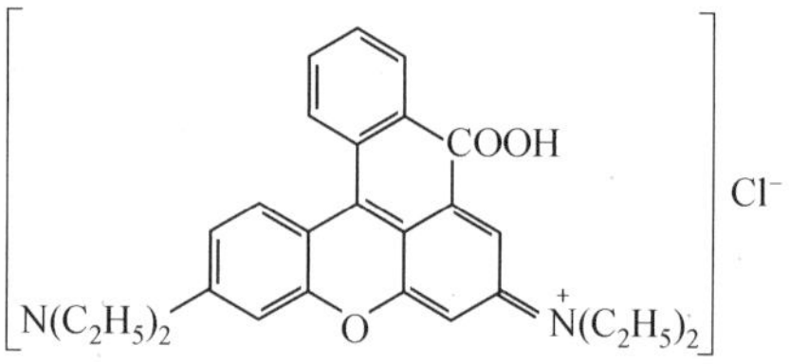

图 5.67　RhB 的分子结构

RhB 在·OH 的氧化作用下降解过程常会经历四个阶段,即去乙基化、羟基化、开环和矿化。

在去乙基化过程中,中间产物的 m/z 值常比 RhB(443)低 $n×28$（$1 \leqslant n \leqslant 4$）。RhB 丢失一个乙基后生成 N-二乙基-N-乙基罗丹明（$m/z=415$）。RhB 在同一边丢失两个乙基后生成 N-二乙基罗丹明（$m/z=387$）,在两边各丢失一个乙基后生成 N-乙基-N-乙基罗丹明（$m/z=387$）。RhB 丢失三个乙基后生成 N-乙基罗丹明（$m/z=359$）。RhB 丢失四个乙基后生成罗丹明（$m/z=331$）。

在羟基化过程中,·OH 能够攻击 RhB 或者去乙基化后的中间产物的黄嘌呤结构,破坏生色团,引起脱色。在破坏黄嘌呤结构后,苯环会被打开并进一步矿化。

将本小节的测试结果与以上理论分析结果进行对比,本研究中 RhB 的降解途径如图 5.68 所示。

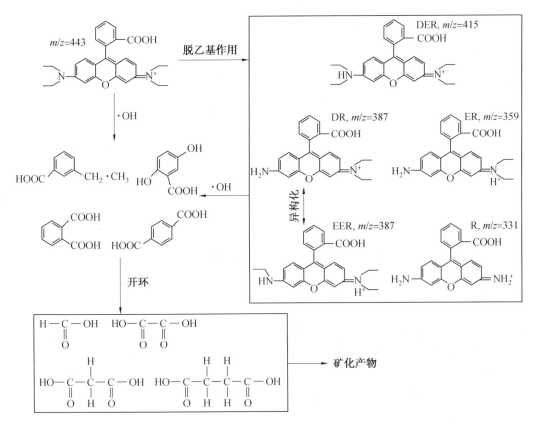

图 5.68　RhB 的降解途径

5.5.7　CFAC-5 的应用可行性

1. CFAC-5 的催化稳定性

本小节考查了 CFAC-5 应用在微波强化-CFAC-5 催化类 Fenton 体系中的稳定性。如图 5.69 所示,CFAC-5 的催化性能会随着使用次数的增加而不断下降,当第 4 次使用时,RhB 废水的色度去除率低于 90.0% 。然而,从图 5.69 可以看出,从第 4 次开始,适当地延长反应时间可以在一定程度上提高色度去除率。在第 6 次使用时,当反应时间延长至 31 min 时,废水色度去除率仍然可以超过 90.0% 。因此可以说,CFAC-5 的最大回用次数除了受到本身催化性能的影响外,还受到废水流量和反应器容积的限制。

根据前人发表成果,一些合成的类 Fenton 催化剂的活性点位中的主要成分为 Fe;另外,也有研究指出其他的一些金属元素,如 Cu、Mn、Zn、Pb 也具备催化性能。众所周知,粉煤灰含有多种金属元素,包括 Fe、Cu、Mn、Zn、Pb 等,因此,可以认为 CFAC-5 的类 Fenton 催化性能由表面的多金属催化引起的。

CFAC-5 催化性能的下降与活性点位活性的下降相关。见表 5.38,随着 CFAC-5 催化剂催化次数的增加,废水中各种金属元素的质量浓度有所下降,这是 CFAC-5 表面这些金属元素质量分数下降导致的。

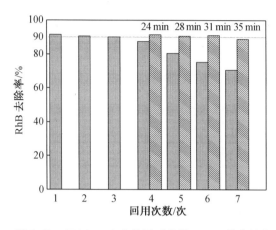

图 5.69　CFAC-5 多次使用后的类 Fenton 催化性能

（实验条件：$P_{MW} = 0.1$ kW，$C_{H_2O_2} = 2.0$ mmol/L，CFAC-5 投加量 = 15 g/L，pH = 3.0，$t = 20$ min（灰色柱状图））

我们还可以通过图 5.53 分析 CFAC-5 表面结构的变化对 CFAC-5 催化性能的影响。如图 5.53(f) 所示，使用 1 次和 6 次的 CFAC-5 与未使用的 CFAC-5（图 5.53(a)、(b) 和 (c)）相比，表面形貌并未发生明显变化。该观察结果可通过表 5.32 中的数据得到定量验证。因此，可以说 CFAC-5 在微波强化-类 Fenton 体系中催化性能的下降主要与其表面金属元素的质量分数下降相关，而 CFAC-5 表面形貌的变化却影响不大，该结果与发表的研究论文中的结论相符合。

表 5.38　15 g/L 的 CFAC-5 的微波强化类 Fenton 体系中各种金属的浸出质量浓度　mg/L

催化次数/次	Fe	Cu	Mn	Zn	Pb
1	0.315	0.038	0.051	0.151	0.017
2	0.295	0.021	0.034	0.115	0.013
3	0.201	0.013	0.011	0.086	0.005
4	0.187	0.005	0.006	0.032	—

本研究中的 CFAC-5 的催化稳定性与已发表的催化剂稳定性具备可比性。如表 5.39 所示，在废水处理效果类似的情况下，本研究中的 CFAC-5 可以使用 6 次，前人研究成果的催化剂使用次数在 3～6 次之间。最后，在使用粉煤灰催化剂前应利用实验的方法测定废水中浸出元素的质量浓度，避免高于相关标准，否则应对粉煤灰催化剂进行预处理，降低金属浸出性能，或对处理水进行后处理，降低废水中金属元素质量浓度。

表 5.39　本研究中的类 Fenton 体系与已发表的类 Fenton 体系的氧化性能对比

序号	催化剂	制备过程	污染物	处理时间/min	处理效率	使用次数/次
1	粉煤灰	蒸馏水洗涤法	RhB	20～31	>90.0%	6
2	CoO-NiFe$_2$O$_4$	共沉淀与焙烧法	铬黑 T	>180	>90.0%	6

续表 5.39

序号	催化剂	制备过程	污染物	处理时间/min	处理效率	使用次数/次
3	Iron-HpO-GAC	复杂(略)	酸性红 88	60	>90.0%	5
4	$MgFe_2O_4$	水热焙烧法	RhB	300	>90.0%	5
5	Fe@ MesoC hybrids	复杂(略)	磺胺甲恶唑	120	>90.0%	3
6	Fe_3O_4@ b-CD/rGO	一步溶剂热法	双酚 A	30	>80.0%	5

2. 消耗评估

废水处理费用由用电量、氧化剂与催化剂投加量、工人工资等构成;另外,当地废水的排放标准也会显著影响废水处理费用。本小节为了评估中的微波强化-CFAC-5 催化类 Fenton 体系效能,未考虑当地政策和工人工资的影响。

利用式(5.42)计算 H_2O_2 利用率(kmol/kg),则

$$UR_{H_2O_2} = C_{0,H_2O_2}/((C_0-C) \cdot V) \tag{5.42}$$

式中　C_{0,H_2O_2}——H_2O_2 的初始浓度 ,mmol/L。

　　C_0——RhB 的初始质量浓度,10 mg/L;

　　C——反应时间为 t min 时的 RhB 的瞬时质量浓度,mg/L;

　　V——废水体积(= 0.8 L)。

利用式(5.43)计算电能利用率(kW·h/kg),则

$$UR_E = (p \cdot t \cdot 10^6/60)/((C_0-C) \cdot V) \tag{5.43}$$

式中　p——微波辐射功率,kW;

　　t——辐射时间,min。

根据 5.5.5 节实验结果,在使用 CFAC-5 催化剂的条件下,去除 1 kg 的 RhB 需要 0.21 kmol 的 H_2O_2 和 4 313.3 kW·h 的电,同时需要 20 min 的处理时间,因此,可以认为能耗是本研究体系的主要限制因素;另外,除了能耗较高外,本研究体系与其他的类 Fenton 体系相比具备明显优势。见表 5.39,不少类 Fenton 体系(2、3、4、5 号)的废水处理时间至少为 60 min,而本研究体系仅需 20 ~ 31 min。虽然 6 号研究所用时间较短,但对应的污染物(双酚 A)去除率也较低(>80.0%);另外,本研究中所用的 CFAC-5 仅需简单的水洗过程便可用于催化类 Fenton 体系,相对于人造催化剂需要复杂的制备过程和较高的制备费用,这也是 CFAC-5 的一个显著优点。

参 考 文 献

［1］刘转年. 粉煤灰成型吸附剂的制备及应用［M］. 北京:化学工业出版社,2009.

［2］杨静,马鸿文. 中国高铝飞灰资源与清洁利用技术［M］. 北京:化学工业出版社,
2019.

［3］姚嵘,张玉波,王栋民. 粉煤灰在自诊断压敏水泥基材料中的应用［M］.北京:冶金工业出版社,2009.

［4］徐至钧,王曙光. 水泥粉煤灰碎石桩复合地基［M］. 北京:机械工业出版社,2004.

［5］李琴,杨岳斌,刘君,等. 我国粉煤灰利用现状及展望［J］. 能源研究与管理, 2022
（01）: 29-34.

［6］杨伟军,李炜. 蒸压粉煤灰加气混凝土砌块生产及应用技术［M］. 北京:中国建筑工业出版社,2011.

［7］新疆宏远建设集团水电路桥一公司. 粉煤灰存储及运输方案［EB/OL］.（2014-08-
22）［2022-04-09］. https://wenku. baidu. com/view/bc084dd7a66e58fafab069dc
5022aaea988f41e8? aggId = 8126639672fe910ef12d2af90242a8956becaa32&fr = catalog-
Main_text_ernie_recall_backup_new:wk_recommend_main3

［8］中华人民共和国生态环境部. 关于政协十三届全国委员会第三次会议第 2568 号提案答复的函(摘要)［EB/OL］.（2020-09-25）［2020-04-09］. http://www. mee. gov.
cn/xxgk2018/xxgk/xxgk13/202012/t20201202_810974. html.

［9］KISKU G C, KUMAR V, SAHU P, et al. Characterization of coal fly ash and use of
plants growing in ash pond for phytoremediation of metals from contaminated agricultural
land［J］. International Journal of Phytopathology, 2018, 20: 330-337.

［10］BROWN P, JONES T, BERUBE K. The internal microstructure and fibrous mineralogy
of fly ash from coal-burning power stations［J］. Environmental Pollution, 2011, 159:
3324-3333.

［11］RUBIO B, IZQUIERDO M T, MAYORAL M C, et al. Preparation and characterization
of carbon-enriched coal fly ash［J］. Journal of Environmental Management, 2008, 88:
1562-1570.

［12］SOW M, HOT J, TRIBOUT C, et al. Characterization of spreader stoker coal fly ashes
（SSCFA）for their use in cement-based applications［J］. Fuel, 2015, 162: 224-233.

［13］ZHAO Y C, ZHANG J Y, TIAN C, et al. Mineralogy and chemical composition of high-
calcium fly ashes and density fractions from a coal-fired power plant in China［J］. Energy and Fuels, 2010, 24: 834-843.

［14］IZQUIERDO M, QUEROL X. Leaching behaviour of elements from coal combustion fly ash: an overview [J]. International Journal of Coal Geology, 2012, 94: 54-66.

[15] GUPTA N, GEDAM W, MOGHE C, et al. Comparative assessment of batch and column leaching studies for heavy metals release from coal fly ash bricks and clay bricks [J]. Environmental Technology & Innovation, 2019, 16: 100461.

[16] LANGE C N, FLUES M, HIROMOTO G, et al. Long-term leaching of As, Cd, Mo, Pb, and Zn from coal fly ash in column test [J]. Environmental Monitoring and Assessment, 2019, 191: 602.

[17] MA R H, ZONG Y T, LU S G. Reducing bioavailability and leachability of copper in soils using coal fly ash, apatite, and bentonite [J]. Communications in Soil Science and Plant Analysis, 2012, 43: 2004-2017.

[18] SEKI T, OGAWA Y, INOUE C. Classification of coal fly ash based on pH, CaO content, glassy components, and leachability of toxic elements [J]. Environmental Monitoring and Assessment, 2019, 191: 358.

[19] TIGUE A A S, MALENAB R A J, DUNGCA J R, et al. Chemical stability and leaching behavior of one-part geopolymer from soil and coal fly ash mixtures [J]. Minerals, 2018, 8: 411.

[20] ZHANG Y D, LI M, LIU D, et al. Aluminum and iron leaching from power plant coal fly ash for preparation of polymeric aluminum ferric chloride [J]. Environmental Technology, 2019, 40, 1568-1575.

[21] FISHER G L, CHANG D, BRUMMER M. Fly ash collected from electrostatic precipitators: microcrystalline structures and the mystery of the spheres [J]. Science, 1976, 192: 553-555.

[22] VAN DER MERWE E M, MATHEBULA C L, PRINSLOO L C. Characterization of the surface and physical properties of South African coal fly ash modified by sodium lauryl sulphate (SLS) for applications in PVC composites [J]. Powder Technology, 2014, 266: 70-78.

[23] MISHRA, S B, LANGWENYA S P, MAMBA B B, et al. Study on surface morphology and physicochemical properties of raw and activated South African coal and coal fly ash [J]. Physics and Chemistry of the Earth, 2010, 35: 811-814.

[24] LI H, CHEN Y, CAO Y, et al. Comparative study on the characteristics of ball-milled coal fly ash [J]. Journal of Thermal Analysis and Calorimetry, 2016, 124: 839-846.

[25] MEDINA A, GAMERO P, QUEROL X, et al. Fly ash from a Mexican mineral coal I: mineralogical and chemical characterization [J]. Journal of Hazardous Materials, 2010, 181: 82-90.

[26] NYALE S M, BABAJIDE O O, BIRCH G D, et al. Synthesis and characterization of coal fly ash-based foamed geopolymer [J]. Procedia Environmental Sciences, 2013, 18: 722-730.

[27] AKINYEMI S A, AKINLUA A, GITARI W M, et al. Mineralogy and mobility patterns

of chemical species in weathered coal fly ash [J]. Energy Sources Part A, 2011, 33: 768-784.

[28] AINETO M, ACOSTA A, RINCON J M, et al. Thermal expansion of slag and fly ash from coal gasification in IGCC power plant [J]. Fuel, 2006, 85: 2352-2358.

[29] SKVARA F, KOPECKY L, SMILAUER V, et al. Material and structural characterization of alkali activated low-calcium brown coal fly ash [J]. Journal of Hazardous Materials, 2009, 168: 711-720.

[30] EROL M, KUCUKBAYRAK S, ERSOY-MERICBOYU A. Characterization of coal fly ash for possible utilization in glass production [J]. Fuel, 2007, 86: 706-714.

[31] ERSOY B, KAVAS T, EVCIN A, et al. The effect of $BaCO_3$ addition on the sintering behavior of lignite coal fly ash [J]. Fuel, 2008, 87: 2563-2571.

[32] EROL M, KUCUKBAYRAK S, ERSOY-MERICBOYU A. Characterization of sintered coal fly ashes [J]. Fuel, 2008, 87: 1334-1340.

[33] YEHEYIS M B, SHANG J Q, YANFUL E K. Characterization and environmental evaluation of Atikokan coal fly ash for environmental applications [J]. Journal of Environmental Engineering and Science, 2008, 7: 481-496.

[34] GABAL M A, HOFF D, KASPER G. Influence of the atmosphere on the thermal decomposition kinetics of the $CaCO_3$ content of PFBC coal flying ash [J]. Journal of Thermal Analysis and Calorimetry, 2007, 89: 109-116.

[35] JINDALUANG W, KHEORUENROMNE I, SUDDHIPRAKARN A, et al. Influence of soil texture and mineralogy on organic matter content and composition in physically separated fractions soils of Thailand [J]. Geoderma, 2013, 195: 207-219.

[36] URBANEK E, BODI M, DOERR S H, et al. Influence of initial water content on the wettability of autoclaved soils [J]. Soil Science Society of America Journal, 2010, 74: 2086-2088.

[37] SPIELVOGEL S, KNICKER H, KOGEL-KNABNER I. Soil organic matter composition and soil lightness [J]. Journal of Plant Nutrition and Soil Science, 2004, 167: 545-555.

[38] DO CARMO D L, SILVA C A, DE LIMA J M, et al. Electrical conductivity and chemical composition of soil solution: comparison of solution samplers in tropical soils [J]. Revista Brasileira De Ciência Do Solo, 2016, 40: e0140795.

[39] HAN C, ZHANG H, GU Q, et al. Toluene sorption behavior on soil organic matter and its composition using three typical soils in China [J]. Environmental Earth Sciences, 2012, 68: 741-747.

[40] BENEZET J C, ADAMIEC P, BENHASSAINE A. Relation between silico-aluminous fly ash and its coal of origin [J]. Particuology, 2008, 6: 85-92.

[41] IBANEZ J, FONT O, MORENO N, et al. Quantitative rietveld analysis of the crystalline and amorphous phases in coal fly ashes [J]. Fuel, 2013, 105: 314-317.

［42］ TENNAKOON C, SAGOE-CRENTSIL K, SAN NICOLAS R, et al. Characteristics of Australian brown coal fly ash blended geopolymers ［J］. Construction and Building Materials, 2015, 101: 396-409.

［43］ 李广彬,王琼,韩曦,等. 超细粉煤灰的特性研究[J]. 粉煤灰,2010, 5: 14-15.

［44］LI X D, ZHOU C Y, LI J W, et al. Distribution and emission characteristics of filterable and condensable particulate matter before and after a low-low temperature electrostatic precipitator ［J］. Environmental Science and Pollution Research, 2019, 26: 12798-12806.

［45］ 徐涛,兰海平,杨超,等. 粉煤灰物理化学性质对比分析研究[J]. 无机盐工业, 2018,50:65-68.

［46］ 陈潇晶. 改性粉煤灰处理氨氮废水的研究[D]. 山西:山西大学,2011.

［47］ 张宝平,陈云琳,魏琳,等. 粉煤灰的改性及其吸附性能的研究[J]. 硅酸盐通报, 2012,31(03):675-678.

［48］ ZHOU Q, DUAN Y F, ZHU C, et al. Adsorption equilibrium, kinetics and mechanism studies of mercury on coal-fired fly ash ［J］. Korean Journal of Chemical Engineering, 2015, 32: 1405-1413.

［49］ SAKTHIVEL T, REID D L, GOLDSTEIN I, et al. Hydrophobic high surface area zeolites derived from fly ash for oil spill remediation ［J］. Environmental Science & Technology, 2013, 47: 5843-5850.

［50］ HE J F, DUAN C L, LEI M Z, et al. The secondary release of mercury in coal fly ash-based flue-gas mercury removal technology ［J］. Environmental Technology, 2015, 37: 28-38.

［51］ CHEN C Y, ZHANG P Y, ZENG G M, et al. Sewage sludge conditioning with coal fly ash modified by sulfuric acid ［J］. Chemical Engineering Journal, 2010, 158: 616-622.

［52］ WANG Z H, ZHOU B, SUN X J, et al. Modification of fly ash and its application state research in wastewater treatment ［J］. Advanced Materials Research, 2013, 726-731: 2455-2460.

［53］ ZHANG J B, LI S P, LI H Q, et al. Preparation of Al-Si composite from high-alumina coal fly ash by mechanical chemical synergistic activation ［J］. Ceramics International, 2017, 43: 6532-6541.

［54］ 阳卫国,钟文毅,蒋兴国,等. 改性粉煤灰对废水色度的吸附研究[J]. 工业安全与环保,2010,36:7-8.

［55］ 滕菲,张海燕,齐立强. 微波联合碱改性粉煤灰对铬(Ⅵ)的吸附性能[J]. 矿产保护与利用,2019,39:26-31.

［56］ 赵玉静,秦廉. 宝钢Ⅰ级粉煤灰和超细矿渣微粉制备套筒灌浆料的性能及应用研究 [J]. 粉煤灰综合利用,2019(04):46-50.

［57］ YAN L, SHANG J F, WANG Y F, et al. Experimental parameter optimization study on the acid leaching of coal fly Ash ［J］. Desalination and Water Treatment, 2016, 57:

10894-10904.

[58] 梁金奎,刘晓荣,罗林根,等. 粉煤灰中有价元素的强化浸出研究[J]. 矿冶工程, 2008,28:76-79,83.

[59] CHOO T K, CASHION J, SELOMULYA C, et al. Reductive leaching of iron and magnesium out of magnesioferrite from victorian brown coal fly ash [J]. Energy and Fuels, 2016, 30: 1162-1170.

[60] CAO S S, ZHOU C C, PAN J H, et al. Study on influence factors of leaching of rare earth elements from coal fly ash [J]. Energy and Fuels, 2018, 32: 8000-8005.

[61] 何佳振,胡小莲,李运勇. 粉煤灰中镓的浸出试验条件[J]. 粉煤灰综合利用,2002 (06):11-12.

[62] 范丽君,梁杰,石玉桥,等. 粉煤灰中镓的浸出试验研究[J]. 粉煤灰, 2012, 24: 10-12.

[63] 董卉,陈娟,李箫玉,等. 烧结剂对新疆粉煤灰中锂浸出的作用特性[J]. 化工进展, 2019,38(3):1538-1544.

[64] 侯晓琪,李彦恒,代红,等. 从粉煤灰中浸出锂的工艺研究[J]. 河北工程大学学报 (自然科学版),2015,32(1):58-61.

[65] KASHIWAKURA S, OHNO H, MATSUBAE-YOKOYAMA K, et al. Removal of arsenic in coal fly ash by acid washing process using dilute H_2SO_4 solvent [J]. Journal of Hazardous Materials, 2010, 181: 419-425.

[66] ISHAQ M, JAN F A, SHAKIRULLAH M, et al. Leaching capabilities of iodine monochloride (ICl) and diethylenetriamine pentaacetic acid (DPTA) at different concentrations and pH for some major and trace metals from coal and coal fly ash [J]. Arabian Journal of Geosciences, 2012, 6: 4109-4118.

[67] GONG X, YAO H, ZHANG D, et al. Leaching characteristics of heavy metals in fly ash from a Chinese coal-fired power plant [J]. Asia-Pacific Journal of Chemical Engineering, 2010, 5: 330-336.

[68] YUAN C G. Leaching characteristics of metals in fly ash from coal-fired power plant by sequential extraction procedure [J]. Microchimica Acta, 2009, 165: 91-96.

[69] HOSSEINI T, HAN B Y, SELOMULYA C, et al. Chemical and morphological changes of weathered Victorian brown coal fly ash and its leaching characteristic upon the leaching in ammonia chloride and hydrochloric acid [J]. Hydrometallurgy, 2015, 157: 22-32.

[70] LU S G, CHEN Y Y, SHAN H D, et al. Mineralogy and heavy metal leachability of magnetic fractions separated from some Chinese coal fly ashes [J]. Journal of Hazardous Materials, 2009, 169: 246-255.

[71] JEGADEESAN G, AL-ABED S R, PINTO P. Influence of trace metal distribution on its leachability from coal fly ash [J]. Fuel, 2008, 87: 1887-1893.

[72] MERCIER G, DUCHESNE J, CARLES-GIBERGUES A. A simple and fast screening

test to detect soils polluted by lead [J]. Environmental Pollution, 2002, 118: 285-296.

[73] FLUES M, SATO I M, SCAPIN M A, et al. Toxic elements mobility in coal and ashes of Figueira coal power plant, Brazil [J]. Fuel, 2013, 103: 430-436.

[74] SANDEEP P, SAHU S K, KOTHAI P, et al. Leaching behavior of selected trace and toxic metals in coal fly ash samples collected from two thermal power plants, India [J]. Bulletin of Environmental Contamination and Toxicology, 2016, 97: 425-431.

[75] BHATTACHARYYA S, DONAHOE R J, PATEL D. Experimental study of chemical treatment of coal fly ash to reduce the mobility of priority trace elements [J]. Fuel, 2009, 88: 1173-1184.

[76] AKAR G, POLAT M, GALECKI G, et al. Leaching behavior of selected trace elements in coal fly ash samples from Yenikoy coal-fired power plants [J]. Fuel Processing Technology, 2012, 104: 50-56.

[77] JONES K B, RUPPERT L F, SWANSON S M. Leaching of elements from bottom ash, economizer fly ash, and fly ash from two coal-fired power plants [J]. International Journal of Coal Geology, 2012, 94: 337-348.

[78] GAO X, DING H L, WU Z L, et al. Analysis on leaching characteristics of iron in coal fly ash under ammonia-based wet flue gas desulfurization (WFGD) conditions [J]. Energy and Fuels, 2009, 23: 5916-5919.

[79] WANG J M, WANG T, MALLHI H, et al. The role of ammonia on mercury leaching from coal fly ash [J]. Chemosphere, 2007, 69: 1586-1592.

[80] IZQUIERDO M, FONT O, MORENO N, et al. Influence of a modification of the pet-coke/coal ratio on the leachability of fly ash and slag produced from a large PCC power plant [J]. Environmental Science & Technology, 2007, 41: 5330-5335.

[81] IZQUIERDO M, MORENO N, FONT O, et al. Influence of the co-firing on the leaching of trace pollutants from coal fly ash [J]. Fuel, 2008, 87: 1958-1966.

[82] NYALE S M, EZE C P, AKINYEYE R O, et al. The leaching behaviour and geochemical fractionation of trace elements in hydraulically disposed weathered coal fly ash [J]. Journal of Environmental Sciences Health. Part A, 2014, 49: 233-242.

[83] ROESSLER J, CHENG W Z, HAYES J B, et al. Evaluation of the leaching risk posed by the beneficial use of ammoniated coal fly ash [J]. Fuel, 2016, 184: 613-619.

[84] JIAO F C, NINOMIYA Y, ZHANG L, et al. Effect of coal blending on the leaching characteristics of arsenic in fly ash from fluidized bed coal combustion [J]. Fuel Processing Technology, 2013, 106: 769-775.

[85] HOT J, SOW M, TRIBOUT C, et al. An investigation of the leaching behavior of trace elements from spreader stoker coal fly ashes-based systems [J]. Construction and Building Materials, 2016, 110: 218-226.

[86] AWOYEMI, O M, DZANTOR E K. Toxicity of coal fly ash (CFA) and toxicological response of switchgrass in mycorrhiza-mediated CFA-soil admixtures [J]. Ecotoxicology

and Environmental Safety, 2017, 144: 438-444.

[87] LI Q S, CHEN J J, LI Y C. Heavy metal leaching from coal fly ash amended container substrates during syngonium production [J]. Journal of Environmental Science and Health - Part B Pesticides, Food Contaminants, and Agricultural Wastes, 2008, 43: 179-186.

[88] KHODADOUST A P, NAITHANI P, THEIS T L, et al. Leaching characteristics of arsenic from aged alkaline coal fly ash using column and sequential batch leaching [J]. Industrial & Engineering Chemistry Research, 2011, 50: 2204-2213.

[89] WANG T, WANG J M, TANG Y L, et al. Leaching characteristics of arsenic and selenium from coal fly ash: role of calcium [J]. Energy and Fuels, 2009, 23: 2959-2966.

[90] SAIKIA B K, SHARMA A, SAHU O P, et al. Study on physico-chemical properties, Mineral matters and leaching characteristics of some Indian coals and fly ash [J]. Journal of the Geological Society of India, 2015, 86: 275-282.

[91] NEUPANE G, DONAHOE R J. Leachability of elements in alkaline and acidic coal fly ash samples during batch and column leaching tests [J]. Fuel, 2013, 104, 758-770.

[92] ZANDI M, RUSSELL N V. Design of a leaching test framework for coal fly ash accounting for environmental conditions [J]. Environmental Monitoring and Assessment, 2007, 131: 509-526.

[93] MOGHAL A A B. State-of-the-art review on the role of fly ashes in geotechnical and geoenvironmental applications [J]. Journal of Materials in Civil Engineering, 2017, 29 (8): 04017072.

[94] MOHAPATRA R, RAO J R. Some aspects of characterisation, utilisation and environmental effects of fly ash [J]. Journal of Chemical Technology and Biotechnology, 2001, 76: 9-26.

[95] DWIVEDI S, TRIPATHI R D, RAI U N, et al. Dominance of algae in Ganga water polluted through fly-ash leaching: metal bioaccumulation potential of selected algal species [J]. Bulletin of Environmental Contamination and Toxicology, 2006, 77: 427-436.

[96] REARDON E J, CZANK C A, WARREN C J, et al. Determing controls on element concentrations in fly ash leachate [J]. Waste Management and Research, 1995, 13: 435-450.

[97] 胡巧开,揭武. 改性粉煤灰对二甲酚橙的吸附研究[J]. 上海化工,2006,31(9):5-7.

[98] BANERJEE S S, JOSHI M V, JAYARAM R V. Treatment of oil spills using organo-fly ash [J]. Desalination, 2006, 195(1): 32-39.

[99] 陈雪初,孔海南,张大磊,等. 粉煤灰改性制备深度除磷剂的研究[J]. 工业用水与废水,2006,37(6):65-67.

[100] BRUBAKER T M, STEWART B W, CAPO R C, et al. Coal fly ash interaction with environmental fluids: geochemical and strontium isotope results from combined column

and batch leaching experiments [J]. Applied Geochemistry, 2013, 32: 184-194.

[101] HAYASHI S, TAKAHASHI T, KANEHASHI K, et al. Chemical state of boron in coal fly ash investigated by focused-ion-beam time-of-flight secondary ion mass spectrometry (FIB-TOF-SIMS) and satellite-transition magic angle spinning nuclear magnetic resonance (STMAS NMR) [J]. Chemosphere, 2010, 80: 881-887.

[102] DUDAS M J. Long-term leachability of selected elements from fly ash [J]. Environmental Science & Technology, 1981, 15: 840-843.

[103] JAMES W D, GRAHAM C C, GLASCOCK M D, et al. Water-leachable boron from coal ashes [J]. Environmental Science & Technology, 1982, 16: 195-197.

[104] HASSETT D J, PFLUGHOEFT-HASSETT D F, HEEBINK L V. Leaching of CCBs: observations from over 25 years of research [J]. Fuel, 2005, 84: 1378-1383.

[105] IWASHITA A, SAKAGUCHI Y, NAKAJIMA T, et al. Leaching characteristics of boron and selenium for various coal fly ashes [J]. Fuel, 2005, 84: 479-485.

[106] HE H H, PANG J Y, WU G L, et al. The application potential of coal fly ash for selenium biofortification [J]. Advances in Agronomy, 2019, 157: 1-54.

[107] FREYER D, VOIGT W. Crystallization and phase stability of $CaSO_4$ and $CaSO_4$-based salts [J]. Monatshefte für Chemie, 2003, 134: 693-719.

[108] KASHIWAKURA S, OHNO H, KUMAGAI Y, et al. Dissolution behavior of selenium from coal fly ash particles for the development of an acid-washing process [J]. Chemosphere, 2011, 85: 598-602.

[109] OTERO-REY J R, MATO-FERNÁNDEZ M J, MOREDA-PIÑEIRO J, et al. Influence of several experimental parameters on As and Se leaching from coal fly ash samples [J]. Analytica Chimica Acta, 2005, 531: 299-305.

[110] WANG N N, CHEN J Q, ZHAO Q, et al. Study on preparation conditions of coal fly ash catalyst and catalytic mechanism in a heterogeneous Fenton-like process [J]. RSC Advances, 2017, 7: 52524-52532.

[111] CORNELIS G, JOHNSON C A, GERVEN T V, et al. Leaching mechanisms of oxyanionic metalloid and metal species in alkaline solid wastes: a review [J]. Applied Geochemistry, 2008, 23: 955-976.

[112] DEONARINE A, KOLKER A, FOSTER A L, et al. Arsenic speciation in bituminous coal fly ash and transformations in response to redox conditions [J]. Environmental Science & Technology, 2016, 50: 6099-6106.

[113] CATALANO J G, HUHMANN B L, LUO Y, et al. Metal release and speciation changes during wet aging of coal fly ashes [J]. Environmental Science & Technology, 2012, 46: 11804-11812.

[114] HUGGINS F E, HUFFMAN G P. How do lithophile elements occur in organic association in bituminous coals? [J]. International Journal of Coal Geology, 2004, 58: 193-204.

[115] GOODARZI F, HUGGINS F E, SANEI H. Assessment of elements, speciation of As, Cr, Ni and emitted Hg for a Canadian power plant burning bituminous coal [J]. International Journal of Coal Geology, 2008, 74: 1-12.

[116] SPEARS D A. The use of laser ablation inductively coupled plasma-mass spectrometry (LA ICP-MS) for the analysis of fly ash [J]. Fuel, 2004, 83: 1765-1770.

[117] Zierold K M, Odoh C. A review on fly ash from coal-fired power plants: chemical composition, regulations, and health evidence [J]. Reviews on Environmental Health, 2020, 35(4): 401-418.

[118] WEI Z, WU G H, SU R X, et al. Mobility and contamination assessment of mercury in coal fly ash, atmospheric deposition, and soil collected from Tianjin, China [J]. Environmental Toxicology and Chemistry, 2011, 30: 1997-2003.

[119] GUSTIN M S. An assessment of the significance of mercury release from coal fly ash [J]. Journal of the Air & Waste Management Association, 2004, 54: 320-330.

[120] ZHAO S L, DUAN Y F, LU J C, et al. Chemical speciation and leaching characteristics of hazardous trace elements in coal and fly ash from coal-fired power plants [J]. Fuel, 2018, 232: 463-469.

[121] LI G L, WANG S X, WU Q R, et al. Mercury sorption study of halides modified biochars derived from cotton straw [J]. Chemical Engineering Journal, 2016, 302: 305-313.

[122] LI G L, WANG S X, WU Q R, et al. Mechanism identification of temperature influence on mercury adsorption capacity of different halides modified bio-chars [J]. Chemical Engineering Journal, 2017, 315: 251-261.

[123] YANG W, HUSSAIN A, ZHANG J, et al. Removal of elemental mercury from flue gas using red mud impregnated by KBr and KI reagent [J]. Chemical Engineering Journal, 2018, 341: 483-494.

[124] ZHU C, DUAN Y F, WU C Y, et al. Mercury removal and synergistic capture of SO_2/NO by ammonium halides modified rice husk char [J]. Fuel, 2016, 172: 160-169.

[125] YANG J P, ZHAO Y C, ZHANG J Y, et al. Regenerable cobalt oxide loaded magnetosphere catalyst from fly ash for mercury removal in coal combustion flue gas [J]. Environmental Science & Technology, 2014, 48: 14837-14843.

[126] BAO S Y, LI K, NING P, et al. Highly effective removal of mercury and lead ions from wastewater by mercaptoamine-functionalised silica-coated magnetic nano-adsorbents: Behaviours and mechanisms [J]. Applied Surface Science, 2017, 393: 457-466.

[127] WANG H, YU W S, PENG X, et al. Highly efficient catalytic adsorbents designed by an "adaption" strategy for removal of elemental mercury [J]. Chemical Engineering Journal, 2020, 388: 124220.

[128] WARREN C J, DUDAS M J. Leaching behaviour of selected trace elements in chemically weathered alkaline fly ash [J]. Science of Total Environment, 1988, 76: 229-

246.

[129] KIM A G, KAZONICH G, DAHLBERG M. Relative solubility of cations in class F fly ash [J]. Environmental Science & Technology, 2003, 37: 4507-4511.

[130] KUKIER U, ISHAK C F, SUMNER M E, et al. Composition and element solubility of magnetic and non-magnetic fly ash fractions [J]. Environmental Pollution, 2003, 123: 255-266.

[131] KIM A G, KAZONICH G. The silicate/non-silicate distribution of metals in fly ash and its effect on solubility [J]. Fuel, 2004, 83: 2285-2292.

[132] HANSEN L D, SILBERMAN D, FISHER G L. Crystalline components of stackcollected, size-fractionated coal fly ash [J]. Environmental Science & Technology, 1981, 15: 1057-1062.

[133] RIVERA N, HESTERBERG D, KAUR N, et al. Chemical speciation of potentially toxic trace metals in coal fly ash associated with the Kingston fly ash spill [J]. Energy and Fuels, 2017, 31: 9652-9659.

[134] ROPER A R, STABIN M G, DELAPP R C, et al. Analysis of naturally-occurring radionuclides in coal combustion fly ash, gypsum, and scrubber residue samples [J]. Health Physics, 2013, 104: 264-269.

[135] TURHAN S, ARIKAN I. H, KÖSE A, et al. Assessment of the radiological impacts of utilizing coal combustion fly ash as main constituent in the production of cement [J]. Environmental Monitoring and Assessment, 2011, 177: 555-561.

[136] AMANI M A H. Quality control and safety during construction [J]. International Journal of Mechanical Engineering and Technology, 2017, 8: 108-113.

[137] KOVLER K. Legislative aspects of radiation hazards from both gamma emitters and radon exhalation of concrete containing coal fly ash [J]. Construction and Building Materials, 2011, 25: 3404-3409.

[138] KOVLER K. Does the utilization of coal fly ash in concrete construction present a radiation hazard? [J]. Construction and Building Materials, 2012, 29: 158-166.

[139] TURHAN S, PARMAKSIZ A, KOSE A, et al. Radiological characteristics of pulverized fly ashes produced in Turkish coal-burning thermal power plants [J]. Fuel, 2010, 89: 3892-3900.

[140] TURHAN S, ARIKAN I H, YUCEL B, et al. Evaluation of the radiological safety aspects of utilization of Turkish coal combustion fly ash in concrete production [J]. Fuel, 2010, 89: 2528-2535.

[141] MAHUR A K, KUMAR R, MISHRA M, et al. An investigation of radon exhalation rate and estimation of radiation doses in coal and fly ash samples [J]. Applied Radiation and Isotopes, 2008, 66: 401-406.

[142] TAN Y L, LIU F D, TOKONAMI S, et al. A proposal to evaluate radioactivity of cement containing coal fly ash from China national standard: "Limits of radionuclides in

building materials" [J]. Journal of Radioanalytical and Nuclear Chemistry, 2015, 306: 277-281.

[143] CHAKRABORTY R, MUKHERJEE A. Mutagenicity and genotoxicity of coal fly ash water leachate [J]. Ecotoxicology and Environmental Safety, 2009, 72: 838-842.

[144] DWIVEDI S, SAQUIB Q, AL-KHEDHAIRY A A, et al. Characterization of coal fly ash nanoparticles and induced oxidative DNA damage in human peripheral blood mono-nuclear cells [J]. Science of Total Environment, 2012, 437: 331-338.

[145] DUTTA B K, KHANRA S, MALLICK D. Leaching of elements from coal fly ash: Assessment of its potential for use in filling abandoned coal mines [J]. Fuel, 2009, 88: 1314-1323.

[146] QI P F. Study on the effect of fluoride in fly ash on groundwater as mine grouting material [D]. Shanxi: Taiyuan University of Technology, 2012.

[147] SHI H, LIU J. Experimental study on leaching characteristics of fly ash [J]. Energy and Environmental Protection, 2005, 19: 20-23.

[148] HARTUTI S, HANUM F F, TAKEYAMA A, et al. Effect of additives on arsenic, boron and selenium leaching from coal fly ash [J]. Minerals, 2017, 7:6.

[149] HU H Y, LUO G Q, LIU H, et al. Fate of chromium during thermal treatment of municipal solid waste incineration (MSWI) fly ash [J]. Proceedings of the Combustion Institute, 2013, 34: 2795-2801.

[150] NEUPANE G, DONAHOE R J. Attenuation of trace elements in coal fly ash leachates by surfactant-modified Zeolite [J]. Journal of Hazardous Materials, 2012, 229: 201-208.

[151] PUNIA S, BABAEIVELNI K, WU L S, et al. Removal of arsenic from coal fly ash leachate using manganese coated sand [C]. Chicago: Geotechnical Special Publication, 2016, 273: 53-61.

[152] SILVA L F O, DABOIT K, SAMPAIO C H, et al. The occurrence of hazardous volatile elements and nanoparticles in Bulgarian coal fly ashes and the effect on human health exposure [J]. Science of Total Environment, 2012, 416: 513-526.

[153] USMANI Z, KUMAR V. Characterization, partitioning, and potential ecological risk quantification of trace elements in coal fly ash [J]. Environmental Science and Pollution Research, 2017, 24: 15547-15566.

[154] BUONFIGLIO L G V, MUDUNKOTUWA I A, ABOU ALAIWA M H, et al. Effects of coal fly ash particulate matter on the antimicrobial activity of airway surface liquid [J]. Environmental Health Perspectives, 2017, 125(7): 077003.

[155] ZENELI L, SEKOVANIC A, AJVAZI M, et al. Alterations in antioxidant defense system of workers chronically exposed to arsenic, cadmium and mercury from coal flying ash [J]. Environmental Geochemistry and Health, 2015, 38: 65-72.

[156] FINGER J W, HAMILTON M T, METTS B S, et al. Chronic ingestion of coal fly-ash

contaminated prey and its effects on health and immune parameters in juvenile American alligators (Alligator mississippiensis) [J]. Archives of Environmental Contamination and Toxicology, 2016, 71: 347-358.

[157] MEYER C B, SCHLEKAT T H, WALLS S J, et al. Evaluating risks to wildlife from coal fly ash incorporating recent advances in metals and metalloids risk assessment [J]. Integrated Environmental Assessment and Management, 2014, 11: 67-79.

[158] TUBERVILLE T D, SCOTT D E, METTS B S, et al. Hepatic and renal trace element concentrations in American alligators (Alligator mississippiensis) following chronic dietary exposure to coal fly ash contaminated prey [J]. Environmental Pollution, 2016, 214: 680-689.

[159] SOUZA M J, RAMSAY E C, DONNELL R L. Metal accumulation and health effects in raccoons (Procyon lotor) associated with coal fly ash exposure [J]. Archives of Environmental Contamination and Toxicology, 2013, 64: 529-536.

[160] LEON-MEJIA G, SILVA L F O, CIVEIRA M S, et al. Cytotoxicity and genotoxicity induced by coal and coal fly ash particles samples in V79 cells[J]. Environmental Science and Pollution Research, 2016, 23: 24019-24031.

[161] MATZENBACHER C A, GARCIA A L H, DOS SANTOS M S, et al. DNA damage induced by coal dust, fly and bottom ash from coal combustion evaluated using the micronucleus test and comet assay in vitro [J]. Journal of Hazardous Materials, 2017, 324: 781-788.

[162] VAN DYKE J U, JACHOWSKI C M B, STEEN D A, et al. Spatial differences in trace element bioaccumulation in turtles exposed to a partially remediated coal fly ash spill [J]. Environmental Toxicology and Chemistry, 2017, 36: 201-211.

[163] BRYAN A L, HOPKINS W A, PARIKH J H, et al. Coal fly ash basins as an attractive nuisance to birds: Parental provisioning exposes nestlings to harmful trace elements [J]. Environmental Pollution, 2012, 161: 170-177.

[164] CHAKRABORTY R, MUKHERJEE A K, MUKHERJEE A. Evaluation of genotoxicity of coal fly ash in Allium cepa root cells by combining comet assay with the Allium test. Environ [J]. Environmental Monitoring and Assessment, 2009, 153: 351-357.

[165] JANA A, GHOSH M, SINHA S, et al. Hazard identification of coal fly ash leachate using a battery of cyto-genotoxic and biochemical tests in Allium cepa [J]. Archives of Agronomy and Soil Science, 2017, 63: 1443-1453.

[166] 赵亚娟,赵西成,江元汝. 超细粉煤灰基吸附剂吸附次甲基蓝动力学研究[J]. 西安建筑科技大学学报(自然科学版),2009,41(3): 435-444.

[167] 宋文东,郑炜,尹泳一,等. 沸石-粉煤灰复合吸附剂对有机醇、酸、酯吸附性研究 [J]. 牡丹江师范学院学报,2000,67-68.

[168] 郑宾国,崔节虎,牛俊玲,等. 粉煤灰-膨润土复合吸附剂处理苯酚有机废水的研究 [J]. 精细石油化工进展,2008,9(8): 18-20.

[169] 周绍杰,刘明照,钱翌. 粉煤灰基层状金属氧化物对水中活性红 X-3B 的吸附[J]. 化工环保,2017,37(2)：183-187.

[170] 赵晓光,刘转年,刘源,等. 粉煤灰基成型吸附剂的制备及其对亚甲基蓝的吸附性能[J]. 硅酸盐学报,2009,37(10)：1683-1688.

[171] 伍昌年,王莉,凌琪,等. 粉煤灰基吸附剂吸附亚甲基蓝及再生性能研究[J]. 湖北农业科学,2014,53(19)：4574-4577.

[172] 杨萌,胡佳明,王超,等. 改性粉煤灰/膨润土混合吸附剂去除水体土霉异味 MIB 和 geosmin 研究[J]. 三峡大学学报(自然科学版),2018,40(3):96-101.

[173] 袁宏涛,刘羽,安璐,等. 改性粉煤灰吸附剂的制备及对石油烃的吸附研究[J]. 山东化工,2018,47(10):180-183.

[174] 曹丽琼,张丽宏,方莉,等. 高铝粉煤灰基 NaP1 型沸石/水合金属氧化物的制备及其对亚甲基蓝的吸附[J]. 硅酸盐通报,2019,38(7):2213-2221,2227.

[175] 王益民,刘艳娟,王岩. 海泡石/粉煤灰复合吸附剂处理印染废水研究[J]. 非金属矿,2008,31(3):49-50.

[176] 刘桂萍,杜三鑫,宋玲,等. 菌体/粉煤灰复合吸附剂对活性红的吸附研究[J]. 沈阳化工大学学报,2014,28(3):226-230.

[177] 刘桂萍,祝杏,刘长风. 菌体/粉煤灰复合吸附剂吸附酸性蓝[J]. 化工进展,2013,32(3):687-691.

[178] 刘桂萍,杜三鑫,宋玲,等. 菌体/粉煤灰复合吸附剂吸附阳离子黑的研究[J]. 非金属矿,2014,37(1):66-68.

[179] 张中华. 粉煤灰制备吸附剂捕集 CO_2 的研究[J]. 中国电机工程学报,2021,41(4):1227-1233.

[180] 田园梦,刘清才,孔明,等. 改性粉煤灰基脱汞吸附剂制备及性能分析[J]. 环境工程学报,2017,11(8):4751-4756.

[181] 郑慧敏,刘清才,王铸,等. 改性粉煤灰基吸附剂烟气脱汞[J]. 环境工程学报,2015,9(9):4453-4457.

[182] 张中华,肖永丰,孙永伟,等. 以粉煤灰为原料制备低温 CO_2 吸附剂的工艺参数优化[J]. 环境科学学报,2016,36(11):3959-3964.

[183] 唐冰,李坚,王艳磊,等. 应用粉煤灰制作脱氮吸附剂的探讨[J]. 环境工程,2006,24(3):45-46.

[184] 李方文,魏先勋,李彩亭,等. 煅烧-碱溶法制粉煤灰类沸石吸附剂及其在处理含铅废水中的应用[J]. 环境污染治理技术与设备,2002,3(10):61-67.

[185] 郑宾国,牛俊玲,吴江涛. 粉煤灰-膨润土复合吸附剂处理含 Cr(Ⅵ)废水[J]. 化工进展,2007,26(11):1616-1618.

[186] 姚淑华,刘丹,石中亮. 粉煤灰/水合氧化铁复合吸附剂去除水中磷(Ⅴ)[J]. 辽宁工程技术大学学报(自然科学版),2010,29(1):151-154.

[187] 颜雪琴,蔡金燕,潘洪杰. 粉煤灰-炭化棉秸秆吸附剂对 Cr(Ⅵ)的吸附性能研究[J]. 化工新型材料,2020,48(4):274-277.

[188] 郑宾国,李见云,崔节虎,等. 粉煤灰负载壳聚糖吸附剂处理水中 Cr(VI) 的研究 [J]. 材料导报(研究篇),2009,23(6):65-67.

[189] 赵丽媛,李北罡,王维. 粉煤灰基吸附剂对模拟废水中 Cd^{2+} 的吸附性能[J]. 化工 环保,2012,32(2):113-118.

[190] 肖利萍,吕娜,李顺武,等. 粉煤灰颗粒吸附剂处理含磷废水的试验研究[J]. 非金 属矿,2011,34(3):68-70.

[191] 朱振华,张艺,李小敏. 改性粉煤灰对金属 Cr(VI) 模拟废水的最优吸附条件探究 [J]. 工业安全与环保,2017,43(6):8-10.

[192] 滕福康. 改性粉煤灰对金属废液吸附性能的探究[J]. 科研开发,2020,6:150-151.

[193] 张罡,熊青山. 金属盐改性粉煤灰处理含氟废水及吸附热力学研究[J]. 当代化工, 2018,47(12):2588-2590,2597.

[194] 李北罡,赵丽媛. 铈/粉煤灰复合吸附剂的制备及其对 Cd(II) 的吸附[J]. 中国矿业 大学学报,2015,44(2):384-390.

[195] 宋珍霞,巨梦蝶,姚远. 微波-碱协同改性粉煤灰负载壳聚糖吸附剂处理含铬废水 工艺[J]. 蚌埠学院学报,2017,6(2):32-38.

[196] 师一粟,陈晨,程婷,等. 吸附剂量对粉煤灰合成沸石吸附磷酸根离子、氟离子与六 价铬离子的影响[J]. 绿色科技,2014,(9):197-199.

[197] 王湖坤,龚文琪,莫峰. 累托石-粉煤灰颗粒吸附剂的制备及除铜性能[J]. 环境工 程,2006,24(6):59-61.

[198] DASH S, CHAUDHURI H, GUPTA R, et al. Fabrication and application of low-cost thiol functionalized coal fly ash for selective adsorption of heavy toxic metal ions from Water [J]. Industrial and Engineering Chemistry Research, 2017, 56: 1461-1470.

[199] LEE Y R, SOE J T, ZHANG S Q, et al. Synthesis of nanoporous materials via recy- cling coal fly ash and other solid wastes: a mini review [J]. Chemical Engineering Journal, 2017, 317: 821-843.

[200] 白玉洁,张爱丽,周集体. 粉煤灰吸附-Fenton 及热再生处理亚甲基蓝废水的特性研 究[J]. 环境科学,2012, 33(7): 2419-2426.

[201] PEREZ-AMENEIRO M, VECINO X, BARBOSA-PEREIRA L, et al. Removal of pig- ments from aqueous solution by a calciumalginate-grape marc biopolymer: a kinetic study [J]. Carbohydrate Polymers, 2014, 101: 954-960.

[202] PEREZ-AMENEIRO M, BUSTOS G, VECINO X, et al. Heterogenous lignocellulosic composites as bio-Based adsorbents for wastewater dye removal: a kinetic comparison [J]. Water Air and Soil Pollution, 2015, 226: 133.

[203] VECINO X, DEVESA-REY R, VILLAGRASA S, et al. Kinetic and morphology study of alginate-vineyard pruning waste biocomposite vs. non modified vineyard pruning waste for dye removal [J]. Journal of Environmental Sciences, 2015, 38: 158-167.

[204] EMAMI A, RAHBAR-KELISHAMI A. Zinc and nickel adsorption onto a low-cost min- eral adsorbent: kinetic, isotherm, and thermodynamic studies [J]. Desalination and

Water Treatment, 2016, 57: 21881-21892.

[205] ZAHARIA C, SUTEU D. Coal fly ash as adsorptive material for treatment of a real textile effluent: operating parameters and treatment efficiency [J]. Environmental Science and Pollution Research International, 2013, 20: 2226-2235.

[206] SHIROUDI A, DELEUZE M S. Reaction mechanisms and kinetics of the isomerization processes of naphthalene peroxy radicals [J]. Computational and Theoretical Chemistry, 2015, 1074: 26-35.

[207] MENG F Q, MA W, ZONG P P, et al. Synthesis of a novel catalyst based on Fe(II)/Fe(III) oxide and high alumina coal fly ash for the degradation of o-methyl phenol [J]. Journal of Cleaner Production, 2016, 133: 986-993.

[208] WANG N N, ZHAO Q, ZHANG A L. Catalytic oxidation of organic pollutants in wastewater via a Fenton-like process under the catalysis of HNO$_3$-modified coal fly ash [J]. RSC Advances, 2017, 7: 27619-27628.

[209] ZHANG A L, WANG N N, ZHOU J T, et al. Heterogeneous Fenton-like catalytic removal of p-nitrophenol in water using acid-activated fly ash [J]. Journal of Hazardous Materials, 2012, 201-202: 68-73.

[210] ADBI J, VOSSOUGHI M, MAHMOODI N M, et al. Synthesis of metal-organic framework hybrid nanocomposites based on GO and CNT with high adsorption capacity for dye removal [J]. Chemical Engineering Journal, 2017, 326: 1145-1158.

[211] AZHAR M R, ABID H R, PERIASAMY V, et al. Adsorptive removal of antibiotic sulfonamide by UiO-66 and ZIF-67 for wastewater treatment [J]. Journal of Colloid and Interface Science, 2017, 500: 88.

[212] GAO D W, H U Q, PAN H, et al. High-capacity adsorption of aniline using surface modification of lignocellulose-biomass jute fibers [J]. Bioresource Technology, 2015, 193: 507-512.

[213] VECINO X, DEVESA-REY R, CRUZ J M, et al. Entrapped Peat in Alginate Beads as Green Adsorbent for the Elimination of Dye Compounds from Vinasses [J]. Water Air and Soil Pollution, 2013, 224: 1448.

[214] YILDIZ A, GUNES E, AMIR M, et al. Adsorption of industrial Acid Red 114 onto Fe$_3$O$_4$@ Histidine magnetic nanocomposite [J]. Desalination and Water Treatment, 2017, 60: 261-268.

[215] PAL P, KUMAR R. Treatment of coke wastewater, A critical review for developing sustainable management strategies [J]. Separation and Purification Reviews, 2014, 43: 89-123.

[216] SMOL M, WLOKA D, WLODARCZYK-MAKULA M. Influence of integrated membrane treatment on the phytotoxicity of wastewater from the coke industry [J]. Water Air and Soil Pollution, 2018, 229:5.

[217] WU D, YI X Y, TANG R, et al. Single microbial fuel cell reactor for coking

wastewater treatment, Simultaneous carbon and nitrogen removal with zero alkaline consumption [J]. Science of Total Environment, 2018, 621: 697-506.

[218] ZHOU H T, WEI C H, ZHANG F Z, et al. Energy-saving optimization of coking wastewater treated by aerobic bio-treatment integrating two-stage activated carbon adsorption [J]. Journal of Cleaner Production, 2018, 175: 467-476.

[219] LI J, YUAN X, ZHAO H P, et al. Highly efficient one-step advanced treatment of biologically pretreated coking wastewater by an integration of coagulation and adsorption process [J]. Bioresource Technology, 2018, 247: 1206-1209.

[220] JOSHI D R, ZHANG Y, ZHANG H, et al. Characteristics of microbial community functional structure of a biological coking wastewater treatment system [J]. Journal of Environmental Sciences, 2018, 63: 105-115.

[221] BOUKOUSSA B, HAMACHA R, MORSLI A, et al. Adsorption of yellow dye on calcined or uncalcined Al-MCM-41 mesoporous materials [J]. Arabian Journal of Chemistry, 2017, 10: S2160-S2169.

[222] DENG X, QI L Q, ZHANG Y Z. Experimental study on adsorption of hexavalent chromium with microwave-assisted alkali modified fly ash [J]. Water Air and Soil Pollution, 2018, 229: 18.

[223] LI Y T, LIU X M, TIAN R, et al. An approach to estimate the activation energy of cation exchange adsorption [J]. Acta Physico-Chimica Sinica, 2017, 33: 1998-2003.

[224] INGLEZAKIS V J, ZORPAS A A. Heat of adsorption, adsorption energy and activation energy in adsorption and ion exchange systems [J]. Desalination and Water Treatment, 2012, 39: 149-157.

[225] QUEK A, BALASUBRAMANIAN R. Low-energy and chemical-free activation of pyrolytic tire char and its adsorption characteristics [J]. Journal of the Air and Waste Management Association, 2009, 59: 747-756.

[226] OEPEN B V, KORDEL W, KLEIN W. Sorption of nonpolar and polar compounds to soils, processes, measurements and experience with the applicability of the modified OECD-Guideline 106 [J]. Chemosphere, 1991, 22: 285-304.

[227] DHARMADHIKARI D M, VANERKAR A P, BARHATE N M. Chemical oxygen demand using closed microwave digestion system [J]. Environmental Science & Technology, 2005, 39: 6198-6201.

[228] WANG N N, ZHENG T, JIANG J P, et al. Cu(II)-Fe(II)-H$_2$O$_2$ oxidative removal of 3-nitroaniline in water under microwave irradiation [J]. Chemical Engineering Journal, 2015, 260: 386-392.

[229] ARSHADI M, MOUSAVINIA F, ABDOLMALEKI M K, et al. Removal of salicylic acid as an emerging contaminant by a polar nano-dendritic adsorbent from aqueous media [J]. Journal of Colloid and Interface Science, 2017, 493: 138-149.

[230] MA Z S, LIU D G, ZHU Y, et al. Graphene oxide/chitin nanofibril composite foams as

column adsorbents for aqueous pollutants [J]. Carbohydrate Polymers, 2016, 144: 230-237.

[231] MA Y, ZHOU Q, ZHOU S C, et al. A bifunctional adsorbent with high surface area and cation exchange property for synergistic removal of tetracycline and Cu^{2+} [J]. Chemical Engineering Journal, 2014, 258: 26-33.

[232] CHOI H A, PARK H N, WON S W. A reusable adsorbent polyethylenimine/polyvinyl chloride crosslinked fiber for Pd(II) recovery from acidic solutions [J]. Journal of Environmental Management, 2017, 204: 200-206.

[233] LI X J, ZHANG X, YANG H, et al. Atomic-layered Mn clusters deposited on palygorskite as powerful adsorbent for recovering valuable REEs from wastewater with superior regeneration stability [J]. Journal of Colloid and Interface Science, 2018, 509: 395-405.

[234] HUANG J N, CAO Y H, SHAO J, et al. Magnetic nanocarbon adsorbents with enhanced hexavalent chromium removal: morphology dependence of fibrillar vs particulate structures [J]. Industrial and Engineering Chemistry Research, 2017, 56(38): 10689-10701.

[235] DRENKOVA-TUHTAN A, SCHNEIDER M, FRANZREB M, et al. Pilot-scale removal and recovery of dissolved phosphate from secondary wastewater effluents with reusable ZnFeZr adsorbent@ Fe_3O_4/SiO_2 particles with magnetic harvesting [J]. Water Research, 2017, 109: 77-87.

[236] CHOI H A, PARK H N, WON S W. A reusable adsorbent polyethylenimine/polyvinyl chloride crosslinked fiber for Pd(II) recovery from acidic solutions [J]. Journal Environmental Management, 2017, 204: 200-206.

[237] NG J C Y, CHEUNG W H, MCKAY G. Equilibrium Studies of the Sorption of Cu(II) Ions onto Chitosan [J]. Journal of Colloid and Interface Science, 2002, 255: 64-74.

[238] RENGARAJA S, YEON J W, KIM Y, et al. Adsorption characteristics of Cu(II) onto ion exchange resins 252H and 1500H: kinetics, isotherms and error analysis [J]. Journal of Hazardous Materials, 2007, 143: 469-477.

[239] PORTER J F, MCKAY G, CHOY K H. The prediction of sorption from a binary mixture of acidic dyes using single- and mixed-isotherm variants of the ideal adsorbed solute theory [J]. Chemical Engineering Science, 1999, 54: 5863-5885.

[240] MARQUARDT D W. An algorithm for least-squares estimation of nonlinear parameters [J]. Journal of the Society for Industrial and Applied Mathematics, 1963, 11(2): 431-441.

[241] SEIDEL A, GELBIN D. On applying the ideal adsorbed solution theory to multicomponent adsorption equilibria of dissolved organic components on modified carbon [J]. Chemical Engineering Journal, 1988, 43: 79-89.

[242] SEIDEL-MORGENSTERN A, GUIOCHON G. Modelling of the competitive isotherms

and the chromatographic separation of two enantiomers [J]. Chemical Engineering Journal, 1993, 48: 2787-2797.

[243] KAPOOR A, YANG R T. Correlation of equilibrium adsorption data of condensable vapours on porous adsorbents [J]. Gas Separation & Purification, 1989, 3: 187-192.

[244] WU J J, MURUGANANDHAM M, YANG J S, et al. Oxidation of DMSO on goethite catalyst in the presence of H_2O_2 at neutral pH [J]. Catalysis Communications, 2006, 7 (11): 901-906.

[245] XUE X F, HANNA K, ABDELMOULA M, et al. Adsorption and oxidation of PCP on the surface of magnetite: Kinetic experiments and spectroscopic investigations [J]. Applied Catalysis B: Environmental, 2009, 89 (3-4): 432-440.

[246] DE LAAT J, GALLARD H. Catalytic decomposition of hydrogen peroxide by Fe(III) in homogeneous aqueous solution: mechanism and kinetic modeling [J]. Environmental Science & Technology, 1999, 33 (16): 2726-2732.

[247] ZHOU T, LI Y Z, JI J, et al. Oxidation of 4-chlorophenol in a heterogeneous zero valent iron/H_2O_2 Fenton-like system: kinetic, pathway and effect factors [J]. Separation and Purification Technology, 2008, 62 (3): 551-558.

[248] Jiang C, Pang S, Ouyang F, et al. A new insight into Fenton and Fenton-like processes for water treatment [J]. Journal of Hazardous Materials, 2010, 174 (1-3): 813-817.

[249] ZHANG Q, JIANG W F, WANG H L, et al. Oxidative degradation of dinitro butyl-phenol (DNBP) utilizing hydrogen peroxide and solar light over a Al_2O_3-supported Fe(III)-5-sulfosalicylic acid (ssal) catalyst [J]. Journal of Hazardous Materials, 2010, 176(1-3): 1058-1064.

[250] DE LA PLATA G B O, ALFANO O M, CASSANO A E. Decomposition of 2-chlorophenol employing goethite as Fenton catalyst. I. Proposal of a feasible, combined reaction scheme of heterogeneous and homogeneous reactions [J]. Applied Catalysis B: Environmental, 2010, 95 (1-2): 1-13.

[251] XU X R, LI H B, WANG W H, et al. Degradation of dyes in aqueous solutions by the Fenton process [J]. Chemosphere, 2004, 57 (7): 595-600.

[252] ZAZO J A, CASAS J A, MOHEDANO A F, et al. Semicontinuous Fenton oxidation of phenol in aqueous solution. A kinetic study [J]. Water Research, 2009, 43 (16), 4063-4069.

[253] LIOU R M, CHEN S H, HUNG M Y, et al. Fe (III) supported on resin as effective catalyst for the heterogeneous oxidation of phenol in aqueous solution [J]. Chemosphere, 2005, 59 (1): 117-125.

[254] MURUGANANDHAM M, YANG J S, WU J J. Effect of ultrasonic irradiation on the catalytic activity and stability of goethite catalyst in the presence of H_2O_2 at acidic medium [J]. Industrial & Engineering Chemistry Research, 2007, 46 (3): 691-698.

[255] LUO M L, BOWDEN D, BRIMBLECOMBE P. Catalytic property of Fe-Al pillared clay

for Fenton oxidation of phenol by H_2O_2 [J]. Applied Catalysis B: Environmental, 2009, 85 (3-4): 201-206.

[256] TIMOFEEVA M N, KHANKHASAEVA S T, BADMAEVA S V, et al. Synthesis, characterization and catalytic application for wet oxidation of phenol of iron-containing clays [J]. Applied Catalysis B: Environmental, 2005, 59 (3-4): 243-248.

[257] GUELOU E, BARRAULT J, FOURNIER J, et al. Active iron species in the catalytic wet peroxide oxidation of phenol over pillared clays containing iron [J]. Applied Catalysis B: Environmental, 2003, 44 (1): 1-8.

[258] MATTA R, HANNA K, CHIRON S. Fenton-like oxidation of 2,4,6-trinitrotoluene using different iron minerals [J]. Science of Total Environment, 2007, 385: 242-251.

[259] COEN J J F, SMITH A T, CANDEIAS L P, et al. New insights into mechanisms of dye degradation by one-electron oxidation processes [J]. Journal of the Chemical Society, Perkin Transactions 1, 2001, 2: 2125-2129.

[260] BEHIN J, AKBARI A, MAHMOUDI M, et al. Sodium hypochlorite as an alternative to hydrogen peroxide in Fenton process for industrial scale [J]. Water Research, 2017, 121: 120-128.

[261] DE LIMA L B, PEREIRA L O, DE MOURA S G, et al. Degradation of organic contaminants in effluents-synthetic and from the textile industry-by Fenton, photocatalysis, and H_2O_2 photolysis [J]. Environmental Science and Pollution Research, 2017, 24 (7): 6299-6306.

[262] PEREZ-MOYA M, KAISTO T, NAVARRO M, et al. Study of the degradation performance (TOC, BOD, and toxicity) of bisphenol A by the photo-Fenton process [J]. Environmental Science and Pollution Research, 2017, 24(7): 6241-6251.

[263] IDEL-AOUAD R, VALIENTE M, GUTIERREZ-BOUZAN C, et al. Relevance of toxicity assessment in wastewater treatment: case study-four Fenton processes applied to the mineralization of CI Acid Red 14 [J]. Journal of Analytical Methods in Chemistry, 2015, 2015: 1-7.

[264] MARTINEZ L M, HODAIFA G, RODRIGUEZ S, et al. Degradation of organic matter in olive-oil mill wastewater through homogeneous Fenton-like reaction [J]. Chemical Engineering Journal, 2011, 173(2): 503-510.

[265] ZAZO J A, PLIEGO G, BLASCO S, et al. Intensification of the Fenton process by increasing the temperature [J]. Industrial and Engineering Chemistry Research, 2011, 50: 866-870.

[266] DAUD N K, AKPAN U G, HAMEED B H. Decolorization of Sunzol Black DN conc. in aqueous solution by Fenton oxidation process: effect of system parameters and kinetic study [J]. Desalination and Water Treatment, 2012, 37: 1-7.

[267] IFELEBUEGU A O, UKPEBOR J, NZERIBE-NWEDO B. Mechanistic evaluation and reaction pathway of UV photo-assisted Fenton-like degradation of progesterone in water

and wastewater [J]. International Journal of Environmental Science & Technology, 2016, 13: 2757-2766.

[268] KARTHIKEYAN S, PRIYA M E, BOOPATHY R, et al. Heterocatalytic Fenton oxidation process for the treatment of tannery effluent: kinetic and thermodynamic studies [J]. Environmental Science and Pollution Research, 2012, 19: 1828-1840.

[269] SUGAWARA T, KAWASHIMA N, MURAKAMI T N. Kinetic study of Nafion degradation by Fenton reaction [J]. Journal of Power Sources, 2011, 196: 2615-2620.

[270] PALAS B, ERSOZ G, ATALAY S. Investigation of the kinetics of the micropollutant removal by using environmentally-friendly wastewater treatment methods: Fenton like oxidation of Methylene Blue in the presence of LaFeO$_3$ perovskite type of catalysts [J]. Journal of the Faculty of Engineering and Architecture of Gazi University, 2017, 32 (4): 1181-1191.

[271] ZHANG S, YU H, LI Q. Radiolytic degradation of Acid Orange 7: a mechanistic study [J]. Chemosphere, 2005, 61: 1003-1011.

[272] LE T X H, VAN NGUYEN T, YACOUBA Z A, et al. Toxicity removal assessments related to degradation pathways of azo dyes: toward an optimization of Electro-Fenton treatment [J]. Chemosphere, 2016, 161: 308-318.

[273] THIAM A, SIRES I, CENTELLAS F, et al. Decolorization and mineralization of Allura Red AC azo dye by solar photoelectro-Fenton: identification of intermediates [J]. Chemosphere, 2015, 136: 1-8.

[274] ÖZCAN A, OTURAN M A, OTURAN N, et al. Removal of Acid Orange 7 from water by electrochemically generated Fenton's reagent [J]. Journal of Hazardous Materials, 2009, 163: 1213-1220.

[275] CARRASCO-DIAZ M R, CASTILLEJOS-L'OPEZ E, CERPA-NARANJO A, et al. Efficient removal of paracetamol using LaCu1-xMxO$_3$(M=Mn, Ti) perovskites as heterogeneous Fenton-like catalysts [J]. Chemical Engineering Journal, 2016, 304: 408-418.

[276] GUZMAN-VARGAS A, DE LA ROSA-PINEDA J E, OLIVER-TOLENTINO M A, et al. Stability of Cu species and zeolite structure on ecological heterogeneous Fenton discoloration- degradation of yellow 5 dye: efficiency on reusable Cu-Y catalysts [J]. Environmental Progress & Sustainable Energy, 2015, 34 (4): 990-998.

[277] WANG N N, HAO L L, CHEN J Q, et al. Adsorptive removal of organics from aqueous phase by acid-activated coal fly ash: preparation, adsorption, and Fenton regenerative valorization of "spent" adsorbent [J]. Environmental Science and Pollution Research, 2018, 25: 12481-12490.

[278] BEHIN J, BUKHARI S S, KAZEMIAN H, et al. Developing a zero liquid discharge process for zeolitization of coal fly ash to synthetic NaP zeolite [J]. Fuel, 2016, 171: 195-202.

[279] NEYENS E, BAEYENS J. A review of classic Fenton's peroxidation as an advanced oxidation technique [J]. Journal of Hazardous Materials, 2003, 98(1-3): 33-50.

[280] RAMIREZ J H, DUARTE F M, MARTINS F G, et al. Modelling of the synthetic dye Orange II degradation using Fenton's reagent: From batch to continuous reactor operation [J]. Chemical Engineering Journal, 2009, 148(2-3): 394-404.

[281] ASL S M H, GHADI A, BAEI M S, et al. Porous catalysts fabricated from coal fly ash as cost-effective alternatives for industrial applications: a review [J]. Fuel, 2018, 217: 320-342.

[282] XIA D H, HE H, LIU H D, et al. Persulfate-mediated catalytic and photocatalytic bacterial inactivation by magnetic natural ilmenite [J]. Applied Catalysis B: Environmental, 2018, 238: 70-81.

[283] PILLI S, BHUNIA P, YAN S, et al. Ultrasonic pretreatment of sludge: a review [J]. Ultrasonics Sonochemistry, 2011, 18: 1-18.

[284] RUMKY J, NCIBI M C, BURGOS-CASTILLO R C, et al. Optimization of integrated ultrasonic-Fenton system for metal removal and dewatering of anaerobically digested sludge by Box-Behnken design [J]. Science of Total Environment, 2018, 645: 573-584.

[285] ARSHADI M, ABDOLMALEKI M K, MOUSAVINIA F, et al. Degradation of methyl orange by heterogeneous Fenton-like oxidation on a nano-organometallic compound in the presence of multi-walled carbon nanotubes [J]. Chemical Engineering Research & Design, 2016, 112: 113-121.

[286] BUXTON G V, GREENSTOCK C L, HELMAN W P, et al. Critical review of rate constants for reactions of hydrated electrons, hydrogen atoms and hydroxyl radicals ($\cdot$OH/$\cdot$O-) in aqueous solution [J]. Journal of Physical and Chemical Reference Data, 1988, 17: 513-533.

[287] WANG D Y, ZOU J, CAI H H, et al. Effective degradation of Orange G and Rhodamine B by alkali-activated hydrogen peroxide: roles of HO_2^- and $O_2 \cdot^-$ [J]. Environmental Science and Pollution Research, 2019, 26: 1445-1454.

[288] PALOMINOS R, FREER J, MONDACA M A, et al. Evidence for hole participation during the photocatalytic oxidation of the antibiotic flumequine [J]. Journal of Photochemistry and Photobiology a Chemistry, 2008, 193: 139-145.

[289] HOU L W, WANG L G, ROYER S, et al. Ultrasound-assisted heterogeneous Fenton-like degradation of tetracycline over a magnetite catalyst [J]. Journal of Hazardous Materials, 2016, 302: 458-467.

[290] DOS SANTOS A J, SIRES I, MARTINEZ-HUITLE C A, et al. Total mineralization of mixtures of Tartrazine, Ponceau SS and Direct Blue 71 azo dyes by solar photoelectro-Fenton in pre-pilot plant [J]. Chemosphere, 2018, 210: 1137-1144.

[291] OLADIPO A A, IFEBAJO A O, GAZI M. Magnetic LDH-based CoO NiFe$_2$O$_4$ catalyst

with enhanced performance and recyclability for efficient decolorization of azo dye via Fenton-like reactions [J]. Applied Catalysis B: Environmental, 2019, 243: 243-252.

[292] DBIRA S, BENSALAH N, ZAGHO M M, et al. Degradation of diallyl phthalate (DAP) by Fenton oxidation: mechanistic and kinetic studies [J]. Applied Science, 2019, 9: 23.

[293] WANG N N, HU Q, DU X Y, et al. Study on decolorization of Rhodamine B by raw coal fly ash catalyzed Fenton-like process under microwave irradiation [J]. Advanced Powder Technology, 2019, 30: 2369-2378.

[294] LIN S S, GUROL M D. Catalytic decomposition of hydrogen peroxide on iron oxide: kinetics, mechanism, and implications [J]. Environmental Science & Technology, 1998, 32: 1417-1423.

[295] QI Y, MEI Y Q, LI J Q, et al. Highly efficient microwave-assisted Fenton degradation of metacycline using pine-needle-like $CuCo_2O_4$ nanocatalyst [J]. Chemical Engineering Journal, 2019, 373: 1158-1167.

[296] Saratale R G, Sivapathan S, Saratale G D, et al. Hydroxamic acid mediated heterogeneous Fenton-like catalysts for the efficient removal of Acid Red 88, textile wastewater and their phytotoxicity studies [J]. Ecotoxicology and Environmental Safety, 2019, 167: 385-395.

[297] Nas M S, Kuyuldar E, Demirkan B, et al. Magnetic nanocomposites decorated on multi-walled carbon nanotube for removal of Maxilon Blue 5G using the sono-Fenton Method [J]. Scientific Reports, 2019, 9: 10850.

[298] YANG S Y, XIONG Y Q, GE Y Y, et al. Heterogeneous Fenton oxidation of nitric oxide by magnetite: kinetics and mechanism [J]. Materials Letters, 2018, 218: 257-261.

[299] DOMINGUEZ C M, MUNOZ M, QUINTANILLA A, et al. Kinetics of imidazolium-based ionic liquids degradation in aqueous solution by Fenton oxidation [J]. Environmental Science and Pollution Research, 2018, 25: 34811-34817.

[300] CHEN F X, XIE S L, HUANG X L, et al. Ionothermal synthesis of Fe_3O_4 magnetic nanoparticles as efficient heterogeneous Fenton-like catalysts for degradation of organic pollutants with H_2O_2 [J]. Journal of Hazardous Materials, 2017, 322: 152-162.

[301] Lal K, Garg A. Utilization of dissolved iron as catalyst during Fenton-like oxidation of pretreated pulping effluent [J]. Process Safety and Environmental Protection, 2017, 111: 766-774.

[302] Adityosulindro S, Julcour C, Barthe L. Heterogeneous Fenton oxidation using Fe-ZSM5 catalyst for removal of ibuprofen in wastewater [J]. Journal of Environmental Chemical Engineering, 2018, 6: 5920-5928.

[303] WANG C Q, CAO Y J, WANG H. Copper-based catalyst from waste printed circuit boards for effective Fenton-like discoloration of Rhodamine B at neutral pH [J]. Chem-

osphere, 2019, 230: 278-285.

[304] YAO Z P, CHEN C J, WANG J K, et al. Iron oxide coating Fenton-like catalysts: preparation and degradation of phenol [J]. Chinese Journal of Inorganic Chemistry, 2017, 33: 1797-1804.

[305] DI LUCA C, MASSA P, GRAU J M, et al. Highly dispersed Fe^{3+}-Al_2O_3 for the Fenton-like oxidation of phenol in a continuous up-flow fixed bed reactor. Enhancing catalyst stability through operating conditions [J]. Applied Catalysis B: Environmental, 2018, 237: 1110-1123.

[306] SABLE S S, PANCHANGAM S C, LO S L. Abatement of clofibric acid by Fenton-like process using iron oxide supported sulfonated-ZrO_2: efficient heterogeneous catalysts [J]. Journal of Water Process Engineering, 2018, 26: 92-99.

[307] CHU K H, J AL-HAMADANI Y A, PARK C M, et al. Ultrasonic treatment of endocrine disrupting compounds, pharmaceuticals, and personal care products in water: a review [J]. Chemical Engineering Journal, 2017, 327: 629-647.

[308] BELGIORNO V, RIZZO L, FATTA D, et al. Review on endocrine disrupting-emerging compounds in urban wastewater: occurrence and removal by photocatalysis and ultrasonic irradiation for wastewater reuse [J]. Desalination, 2007, 215: 166-176.

[309] LI Y F, SUN J H, SUN S P. Mn^{2+}-mediated homogeneous Fenton-like reaction of Fe(Ⅲ)-NTA complex for efficient degradation of organic contaminants under neutral conditions [J]. Journal of Hazardous Materials, 2016, 313: 193-200.

[310] SUN Y, YANG Z X, TIAN P F, et al. Oxidative degradation of nitrobenzene by a Fenton-like reaction with Fe-Cu bimetallic catalysts [J]. Applied Catalysis B: Environmental, 2019, 244: 1-10.

[311] 邓鑫. 微波联合化学改性粉煤灰处理工业废水的研究 [D]. 北京:华北电力大学, 2018.

[312] 王艳芳. 粉煤灰改性及其钝化污泥与吸附水中的 Cu 和 Zn 的研究 [D]. 哈尔滨: 哈尔滨工业大学,2016.

[313] 王玎,李凤亭,吴胜举,等. Fenton 试剂-改性粉煤灰处理苯酚废水的研究[J]. 无机盐工业,2011,43(03):50-53.

[314] 吕淑华,庄玉夏. 微波强化 Fenton 氧化法水处理技术的研究进展[J]. 环境与发展, 2018,30(03):82-83.

[315] SALEM I A, EL-MAAZAWI M S. Kinetics and mechanism of color removal of methylene blue with hydrogen peroxide catalyzed by some supported alumina surfaces [J]. Chemosphere, 2000, 41(8): 1173-1180.

[316] 欧阳平,范洪勇,张贤明,等. 基于吸附的粉煤灰改性机理研究进展[J]. 材料科学与工程学报,2014,32(04):619-624.

[317] 赵文霞,马玲,郭淑恒,等. 粉煤灰中重金属元素浸出特性研究[J]. 粉煤灰综合利用,2006(03):5-6.

[318] GAO J, LIU Y T, XIA X N, et al. Fe1-xZnxS ternary solid solution as an efficient Fenton-like catalyst for ultrafast degradation of phenol [J]. Journal of Hazardous Materials, 2018, 353: 393-400.

[319] SOLTANI T, TAYYEBI A, LEE B K. Quick and enhanced degradation of bisphenol A by activation of potassium peroxymonosulfate to SO_4 center dot with Mn-doped $BiFeO_3$ nanoparticles as a heterogeneous Fenton-like catalyst [J]. Applied Surface Science, 2018, 441: 853-861.

[320] SU Z, LI J, ZHANG D D, et al. Novel flexible Fenton-like catalyst: unique CuO nanowires arrays on copper mesh with high efficiency across a wide pH range [J]. Science of Total Environment, 2019, 647: 587-596.

[321] WANG N N, HU Q, HAO L L, et al. Degradation of Acid Organic 7 by modified coal fly ash-catalyzed Fenton-like process: kinetics and mechanism study [J]. International Journal of Environmental Science & Technology, 2019, 16: 89-100.

[322] PAN C S, ZHU Y F. New type of $BiPO_4$ oxy-acid salt photocatalyst with high photocatalytic activity on degradation of dye [J]. Environmental Science & Technology, 2010, 44: 5570-5574.

[323] ZHUANG J, DAI W, TIAN Q, et al. Photocatalytic degradation of RhB over TiO_2 bilayer films: effect of defects and their location [J]. Langmuir, 2010, 26: 9686-9694.

[324] Wong S, Tumari H H, Ngadi N, et al. Adsorption of anionic dyes on spent tea leaves modified with polyethyleneimine (PEI-STL) [J]. Journal of Cleaner Production, 2019, 206: 394-406.

[325] Reddy Y S, Magdalane C M, Kaviyarasu K, et al. Equilibrium and kinetic studies of the adsorption of Acid Blue 9 and Safranin O from aqueous solutions by MgO decked FLG coated Fuller´s earth [J]. Journal of Physics and Chemistry of Solids, 2018, 123: 43-51.

[326] WANG H, ZHONG Y C, YU H M, et al. High-efficiency adsorption for acid dyes over $CeO_2 \cdot xH_2O$ synthesized by a facile method [J]. Journal of Alloys and Compounds, 2019, 776: 96-104.

[327] Puri C, Sumana G. Highly effective adsorption of crystal violet dye from contaminated water using graphene oxide intercalated montmorillonite nanocomposite [J]. Applied Clay Science, 2018, 166: 102-112.

[328] LIPATOVA I M, MAKAROVA L I, YUSOVA A A. Adsorption removal of anionic dyes from aqueous solutions by chitosan nanoparticles deposited on the fibrous carrier [J]. Chemosphere, 2018, 212: 1155-1162.

[329] OLADIPO A A, IFEBAJO A O, GAZI M. Magnetic LDH-based $CoO-NiFe_2O_4$ catalyst with enhanced performance and recyclability for efficient decolorization of azo dye via Fenton-like reactions [J]. Applied Catalysis B: Environmental, 2019, 243: 243-252.

[330] SARATALE R G, SIVAPATHAN S, SARATALE G D, et al. Hydroxamic acid media-

ted heterogeneous Fenton-like catalysts for the efficient removal of Acid Red 88, textile wastewater and their phytotoxicity studies [J]. Ecotoxicology and Environmental Safety, 2019, 167: 385-395.

[331] HAN X, ZHANG H Y, CHEN T, et al. Facile synthesis of metal-doped magnesium ferrite from saprolite laterite as an effective heterogeneous Fenton-like catalyst [J]. Journal of Molecular Liquids, 2018, 272: 43-52.

[332] TANG J T, WANG J L. Fenton-like degradation of sulfamethoxazole using Fe-based magnetic nanoparticles embedded into mesoporous carbon hybrid as an efficient catalyst [J]. Chemical Engineering Journal, 2018, 351: 1085-1094.

[333] NIDHEESH P V, GANDHIMATHI G. Comparative removal of rhodamine b from aqueous solution by electro-fenton and electro-fenton-like processes [J]. Clean-Soil air Water, 2014, 42: 779-784.

[334] LEIFELD V, DOS SANTOS T P M, ZELINSKI D W, et al. Ferrous ions reused as catalysts in Fenton-like reactions for remediation of agro-food industrial wastewater [J]. Journal of Environmental Management, 2018, 222: 284-292.

[335] MESSELE S A, SOARES O S G P, ORFAO J J M, et al. Zero-valent iron supported on nitrogen-doped carbon xerogel as catalysts for the oxidation of phenol by Fenton-like system [J]. Environmental Technology, 2018, 39: 2951-2958.

[336] HU L M, ZHANG G S, LIU M, et al. Enhanced degradation of Bisphenol A (BPA) by peroxymonosulfate with Co_3O_4-Bi_2O_3 catalyst activation: effects of pH, inorganic anions, and water matrix [J]. Chemical Engineering Journal, 2018, 338: 300-310.

[337] XU H Y, LI B, SHI T N, et al. Nanoparticles of magnetite anchored onto few-layer graphene: a highly efficient Fenton-like nanocomposite catalyst [J]. Journal of Colloid and Interface Science, 2018, 532: 161-170.

[338] ZHANG Y M, CHEN Z, ZHOU L C, et al. Heterogeneous Fenton degradation of bisphenol A using Fe_3O_4@ b-CD/rGO composite: synergistic effect, principle and way of degradation [J]. Environmental Pollution, 2019, 244: 93-101.

[339] QIN X D, LI Z K, ZHU Z W, et al. Fe-based metallic glass: an efficient and energy-saving electrode material for electrocatalytic degradation of water contaminants [J]. Journal of Materials Science & Technology, 2018, 34: 2290-2296.

名词索引

附录　部分彩图

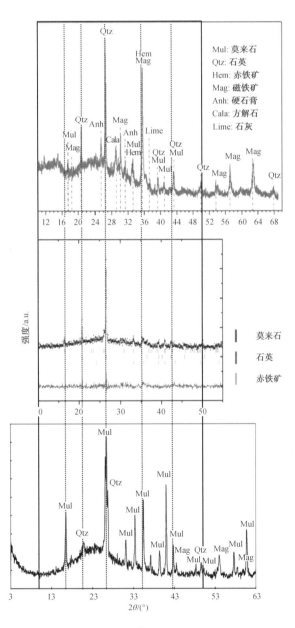

图 2.4

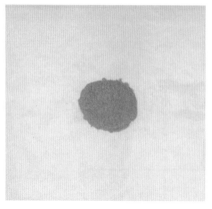

(a) RCFA

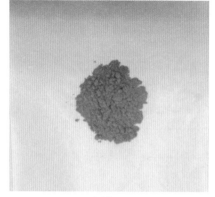

(c) HCl活化 ACFA-3

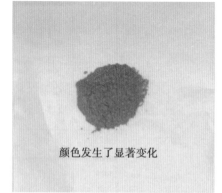

(b) NaOH活化 ACFA-3

(d) 高温活化 ACFA-3

图 4.25